一流规划教材

实验系列教材

化学国家级虚拟仿真实验教学中心 | 化学国家级实验教学示范中心　实验教材

GENERAL CHEMISTRY EXPERIMENT

普通化学实验

方思敏　吴　红　刘　卫　编著

中国科学技术大学出版社

内 容 简 介

普通化学实验旨在训练学生的化学基本实验技能,强化理论知识,培养学生良好的实验习惯和严谨的科学态度。本教材首先介绍了普通化学实验安全、化学实验基本操作等基础知识,其次介绍了包括化合物的制备及成分分析、化学原理的验证、物理化学参数的测定等实验内容。实验内容涵盖无机化学、有机化学、物理化学、分析化学、计算化学等方面,兼顾经典与前沿,注重探究性、趣味性,分为基础型、综合型和开放型三个层次,利于激发学生学习化学的兴趣与层次化教学。

此外,本教材添加了丰富的实验拓展内容,并融入思政素材,将思政教育与专业教育融合。同时,借助信息化技术,将丰富的数字化教学资源以二维码的形式链接到教材中,打造数字化新形态教材。

本书可作为高等学校普通化学实验课程教材,亦可作为相关专业学生的参考书。

图书在版编目(CIP)数据

普通化学实验/方思敏,吴红,刘卫编著.--合肥:中国科学技术大学出版社,2024.5
ISBN 978-7-312-05938-4

Ⅰ.普… Ⅱ.①方… ②吴… ③刘… Ⅲ.普通化学—化学实验 Ⅳ.O6-3

中国国家版本馆 CIP 数据核字(2024)第 065577 号

普通化学实验
PUTONG HUAXUE SHIYAN

出版	中国科学技术大学出版社
	安徽省合肥市金寨路 96 号,230026
	http://press.ustc.edu.cn
	https://zgkxjsdxcbs.tmall.com
印刷	安徽省瑞隆印务有限公司
发行	中国科学技术大学出版社
开本	787 mm×1092 mm 1/16
印张	9.75
字数	243
版次	2024 年 6 月第 1 版
印次	2024 年 6 月第 1 次印刷
定价	39.00 元

前　言

"普通化学实验"是非化学化工专业"大学普通化学"课程及相近课程的重要组成部分,旨在训练学生的化学实验基本操作技能,强化理论知识,提高学生动手能力及分析、解决问题能力,激发学生对化学实验的兴趣,培养学生良好的实验习惯和严谨的科学态度。

本教材分为三大部分:第一部分介绍普通化学实验的基础知识,包含普通化学实验安全知识、化学实验基本操作、常用实验仪器的使用方法、实验数据处理;第二部分介绍实验内容,包含 12 个基础实验、8 个综合实验和 6 个开放实验;第三部分是附录,内容包括常用弱酸和弱碱的电离平衡常数、配合物的稳定常数、酸性溶液中标准电极电势等。

本教材具有以下特点:

(1) 内容丰富,层次清晰

本教材包含无机化学、有机化学、物理化学、分析化学、计算化学相关内容,分类为基础型、综合型、开放型实验项目。除了保留经典实验项目外,注重将实验项目的设置既融入科学前沿又联系日常生活,以打造具有前沿性与实用性的经典教材。

(2) 数字赋能,教材升级

借助信息化技术,建设数字化教学资源,如教学视频、虚拟仿真实验项目等,并将其链接至二维码融入教材,打造数字化新形态教材。

(3) 拓展知识,育智育德

本教材涵盖丰富的拓展内容,将与实验相关的前沿科学知识融入教材,拓宽学生的眼界,同时融入课程思政素材,实现思政教育与专业教育有机结合。

本教材由多年从事普通化学实验的教师团队结合自己的教学经验,并参考国内外相关优秀化学实验教材及论著编写而成。参加本教材编写的教师有方思敏、吴红、刘卫,在编写过程中得到魏伟老师对制作数字化教学资源的技术支持,还得到了朱平平、查正根、郑媛、李婉、王钰熙、汪红蕾、郭林华等多位老师的指导与帮助,在此表示衷心的感谢。同时感谢书中所列参考文献的作者,以及由于疏漏等原因未列出的文献作者。本教材是中国科学技术大学本科生"十四五"规划教材立项项目,获得了学校教务处的大力支持。本教材的出版还得到中国科学技术大学出版社的支持与帮助,在此一并表示感谢。

由于编者水平有限,教材中难免还有疏漏和欠妥之处,恳请读者批评指正。

编　者
2024 年 1 月

目　　录

第1章 普通化学实验安全知识

1.1 实验室学生守则

在实验室,学生应遵守以下规则:

① 遵守实验室的各项规章制度,禁止在实验室内吸烟、饮食、嬉闹,注意安全,爱护仪器,节约药品。

② 不得缺旷、迟到和早退,因病因事不能按时进行实验时,必须提前请假。

③ 熟悉实验室内部及周边水、电、气、应急救援设施的位置,并且能正确使用。

④ 实验课上必须着装规范且选择合适的防护用品,过肩长发束起且勿佩戴隐形眼镜。

⑤ 实验前认真阅读教材,明确实验目的与要求,掌握实验原理与步骤;阅读使用化学品的安全技术说明书,了解化学品特性,采取必要的防护。

⑥ 实验中严守规程,实验过程井然有序。认真操作,不得擅自离开;仔细观察,积极思考,如实记录实验步骤、现象与数据,严禁编造或篡改数据,数据经老师签字确认后才可离开实验室;不高声喧哗,不使用手机,保持实验室安静。

⑦ 实验时做到桌面、地面、水槽、仪器干净整洁。不可将废品丢入水槽,以免水槽堵塞。废渣、废液按实验室要求分类回收,切不可随意处理。

⑧ 实验结束后,基于预习报告和实验记录整理完成实验报告,主要包括:实验目的和原理、实验步骤、原始数据与现象记录、数据处理、实验现象和结果的分析、实验中存在问题的总结及改进意见。

⑨ 实验结束后,应及时清理实验室台面和整个实验室,最后离开实验室的同学应关闭水、电、气、空调、门框等。实验室工作人员检查完毕后,方可洗净双手离开。

1.2 化学实验室安全知识

实验安全是普通化学实验的基本要求。发生安全事故不仅损害个人健康,还会危害到他人,使国家财产受到损失,因此注重安全是每个人的责任,每个人都应重视安全操作,熟悉一般的安全知识。为此,必须熟悉和注意以下几点:

① 熟悉实验室及其周围环境中水阀、电闸、洗眼器和灭火器的位置。

② 严禁将食品、餐具及水杯等带入实验室。

③ 严禁品尝药品、用手直接拿取药品或将药品带离实验室。严守规程,做好个人防护。

④ 不允许将各种化学药品随意混合,以免引起事故,自行设计实验须与教师讨论,征得同意后方可进行。

⑤ 使用电器时要谨防触电,勿用湿手接触电器和电插座,实验完毕后拔下插头,切断电源。

⑥ 易挥发的有毒或强腐蚀性液体要在运行的通风橱中操作,绝不允许在通风橱外加热。

⑦ 开启装有易挥发液体的试剂瓶时,尤其在夏季,不可使瓶口对人,以防大量气液冲出造成严重灼伤。

⑧ 易燃物(如酒精、丙酮)和易爆物(如氯酸钾)使用时应远离火源,试剂用后随手盖紧瓶塞至阴凉处存放。

⑨ 酸碱是实验室常用试剂,浓酸或浓碱具有强烈腐蚀性,应小心取用。在加热酸碱时,防止液体溅于脸上、皮肤上造成损伤。实验用过的酸碱应倒入指定的废液桶中。

1.3 实验中意外事故的应急处理

1.3.1 割伤

伤口较小时,应先取出伤口中的玻璃碎片或固体物,然后用 3% H_2O_2 清洗并涂上紫药水,再使用创可贴或绷带包扎。伤势较重时应按紧主血管以防大量出血,及时送医治疗。

1.3.2 灼伤

皮肤接触高温(如热的物体、火焰、蒸汽等)、低温(如固体二氧化碳、液体氮)或腐蚀性物质(如强酸、强碱、溴等)都会造成灼伤。因此实验时需避免皮肤与上述能引起灼烧的物质接触。取用具有腐蚀性化学试剂时,应佩戴手套和防护眼镜。

实验中若发生灼伤,需根据情况进行不同的处理。

被酸或碱灼伤时,应立即用大量清水冲洗灼伤处,酸灼伤需要再用 3% 的碳酸氢钠冲洗;碱灼伤时,水洗后则用 1% 醋酸溶液或者饱和硼酸溶液冲洗,最后用水清洗,严重者需及时送医治疗。当酸液溅入眼内时,立即用大量水冲洗眼睛,再用 3% 碳酸氢钠溶液洗眼;当碱液溅入眼内时,先用大量水冲洗眼睛,再用 10% 硼酸溶液洗眼。最后均用蒸馏水将余酸或余碱洗净。

化学实验室常用的紧急喷淋装置是复合式洗眼器,复合式洗眼器是配有喷淋系统和洗眼系统的紧急救护设备。当化学物质喷溅到实验人员服装或身体时,可使用复合式洗眼器的喷淋系统进行冲洗,冲洗时间应大于 15 min。

当有害物质喷溅到眼部、面部、颈部或手臂等部位时也可使用实验台式洗眼器。实验台式洗眼器的救护半径范围比紧急喷淋装置的小,主要针对眼部冲洗。使用时,打开洗眼喷头防尘盖,用手轻推开关阀,清洁水会自动从洗眼喷头中喷出,用后需将手推阀复位,并将防尘盖复位。使用时要尽最大可能张开眼睑充分冲洗眼睛,冲洗时间应大于 15 min。

皮肤被溴或苯酚灼伤后,应立即用大量有机溶剂如酒精或汽油洗去溴或苯酚,最后在受伤处涂抹甘油。

如被烫伤,可在伤口处涂抹烫伤药膏、万花油、獾油,烫伤较重时需立即送往医院处理。

1.3.3　化学中毒

化学试剂大多数具有不同程度的毒性,主要通过皮肤接触或呼吸道吸入引起中毒。一旦发生中毒现象可视情况采取相应的急救措施并立即送往医院。

① 吸入刺激性或有毒气体(如氯气、氯化氢)时,可吸入少量乙醇和乙醚的混合蒸气解毒。吸入硫化氢或一氧化碳时,应立即到室外呼吸新鲜空气。

② 溅入口中而未下咽的毒物应立即吐出,用大量水冲洗口腔。误食有毒物质时,把手指深入咽喉部,促使呕吐。

③ 强酸、强碱中毒都要先饮大量的水,对于强酸中毒可服用氢氧化铝膏,无论强酸或强碱中毒都可服牛奶解毒,切勿吃呕吐剂。

1.3.4　触电

触电时应立即切断电源,尽快用绝缘物体(干燥的木棒、竹竿等)将触电者与电源隔离。触电者脱离电源后,应检查触电者全身情况,发现呼吸、心跳停止时,应在保持触电者气道通畅的基础上,交替进行人工呼吸和胸外按压等急救措施,同时拨打"120",尽快送往医院进行抢救。

1.3.5　灭火

火灾是实验室较易发生的事故之一,一旦发生火灾,应保持沉着镇定,在保证自身安全前提下,迅速采取相应措施降低损失,超出自己能力范围的应尽快拨打报警电话。

在保证自身安全前提下,首先防止火势蔓延,立即关闭所有火源,关闭煤气阀,切断电源,移除一切可燃的物质(特别是有机物质和易爆炸的物质),停止通风以减少空气的流通。

实验室都应常备各种情况的灭火材料,放在固定的地方。一般的小火可用湿布、石棉布或沙土覆盖燃烧物;火势大时要用灭火器。常用灭火器的类型、特点及适用范围见表 1.1。

表 1.1　常用灭火器的类型、特点及适用范围

灭火器类型	药液的主要成分	特点和适用范围
ABC 干粉灭火器	$NH_4H_2PO_4$,$(NH_4)_2SO_4$ 和 CO_2 或 N_2	灭火时靠容器中的加压气体驱动干粉喷出,形成的粉雾流与火焰接触,发生一系列的物理和化学作用,迅速把火焰扑灭。
BC 干粉灭火器	$NaHCO_3$ 和 CO_2 或 N_2	适用范围:扑灭 A、B、C 类火灾,及 130 V 以下的带电设备的初起火灾,不适用于 D、E 类火灾

续表

灭火器类型	药液的主要成分	特点和适用范围
二氧化碳灭火器	液态 CO_2	以高压气瓶内储存的二氧化碳气体为灭火剂,通过降低可燃物温度、隔绝空气阻止燃烧。CO_2无腐蚀性,灭火不留痕迹,有一定绝缘性,灭火速度快,适宜扑救 A、B、E 类火灾,如图书档案、珍贵设备、精密仪器等
泡沫灭火器	$NaHCO_3$,$Al_2(SO_4)_3$	适用泡沫和二氧化碳降低温度、隔绝空气灭火,适用扑灭 A、B 类火灾
1211 灭火器	$CBrClF$	通过阻燃气体隔绝空气灭火,不留痕迹,绝缘性能好,特别适用于 B、C、E 类火灾,也适用于扑救油类火灾

火灾种类:

A 类:指固体有机物质,如木材、棉、毛、麻、纸张等燃烧引起的火灾

B 类:指有机溶剂和可熔化的固体物质,如汽油、煤油、甲醇、乙醇、沥青、石蜡等燃烧引起的火灾

C 类:指气体,如天然气、甲烷、乙烷、丙烷、氢气等燃烧引起的火灾

D 类:指金属,如钾、钠、镁、钛、锆、锂等燃烧引起的火灾

E 类:指物体带电燃烧,如各种在使用中的仪器、设备火灾

无论使用何种灭火器材,都应从火的四周开始向中心扑灭,把灭火器的喷口对准火焰的底部后喷射。

活泼金属(如钾、钠、镁等)等燃烧引起的火灾,目前尚无有效灭火器,可用沙土灭火。

若衣服着火,切勿惊慌乱跑,应赶快脱下衣服,或立即就地卧倒打滚,或迅速以大量水扑灭。

安全是实验工作的重中之重! 教育部发布多个文件强调高校实验安全工作的重要性。请大家登录网址 https://pri27.xnfz.cmet.ustc.edu.cn,通过学习基于实验安全知识构建经典化学综合实验虚拟仿真项目(双语版),掌握更多的安全知识,培养安全技能,增强安全意识。只有每一个化学及近化学专业学生和从业者重视化学实验安全树立积极的安全意识,才能从根本上避免或减少化学实验事故的发生。

第2章 化学实验基本操作

2.1 常用玻璃仪器的洗涤和干燥

2.1.1 仪器的洗涤

化学是一门实验性的学科,化学实验结果的准确性极其重要。化学实验中经常使用各种玻璃仪器和陶瓷器皿,如使用的仪器不干净,污物和杂质的存在会导致实验结果不准确。因此,在进行化学实验时,首先要洗净所用的仪器。

洗涤仪器的方法很多,应当根据实验的要求、污物的性质及沾污的程度来选择。附着在仪器上的污物有可溶性物质、尘土及其他不溶性物质、有机物质及油污等。根据对不同污物的判断,可选择以下几种洗涤方法:

1. 用水刷洗

在试管(或量筒)内,倒入约占总容量1/3的自来水,振摇片刻后倒掉。重复此操作一次后,用少量蒸馏水淋洗2～3次。

仪器内壁附有不易用水洗掉的物质时,可选用合适的毛刷刷洗。如用试管刷去洗烧杯,就不合适。因为试管刷太细,不易将烧杯底洗净。若毛刷顶端无毛,则不宜使用,否则易损坏玻璃器皿。每次刷洗的自来水不必太多,洗净后再用少量蒸馏水淋洗2～3次。

2. 用去污粉或合成洗涤剂刷洗

去污粉是由碳酸钠、白土和细沙等混合而成的,具有去油污和摩擦作用,适宜用于一般油污及不溶物黏附较牢的器皿的刷洗。合成洗涤剂则适用于油污较多的器皿的刷洗。

使用时先将仪器用少量水润湿,再用毛刷蘸取少量去污粉,刷洗仪器的内壁和外壁,刷过后用自来水连续冲洗数次,将残存的去污粉冲洗干净,再用少量蒸馏水或去离子水淋洗三次。

用蒸馏水淋洗的目的是洗去附在仪器壁上的自来水中的 Ca^{2+}、Mg^{2+}、Cl^- 等离子。淋洗时要遵循"少量多次"的原则,即每次用量少,一般淋洗三次。

容量仪器如滴定管、容量瓶和移液管不能用去污粉洗刷内部,以免磨损器壁,使体积发生变化,也不能用碱性洗液洗涤,以免影响容积的准确性。

3. 还原性洗液

这类洗液有草酸、过氧化氢、亚硫酸钠、酸性硫酸亚铁等。它们主要用于洗一些不溶性的固体氧化物,如 MnO_2 等。

4. 铬酸洗液(简称为洗液)

洗液是重铬酸钾在浓硫酸中的饱和溶液,具体配制方法是称取 10 g 研细的重铬酸钾(工业纯)固体倒入 20 mL 水中,加热溶解,待冷后,边搅拌边缓慢地加入 180 mL 工业浓 H_2SO_4(切勿将溶液加入浓 H_2SO_4!),冷却后移入磨口瓶中保存。

这种洗液具有很强的氧化性和酸性,对有机物和油污的去污能力特别强。适宜于一些对洁净程度要求较高的定量器皿(如滴定管、容量瓶、移液管等)以及一些形状特殊、不能用刷子刷洗的仪器。

使用洗液的方法及注意点如下:

① 使用洗液前,应先用水刷去仪器外层污物,并用水冲洗内层污物,避免引入还原性物质。冲洗完毕后应尽量将仪器内残存的水倒掉,避免洗液被稀释,降低其氧化能力。

② 用洗液时,首先将洗液倒入仪器中 1/5 至 1/4 的容积,然后慢慢地将仪器倾斜旋转,让仪器的内壁全部为洗液润湿,反复操作 1~2 次,将洗液倒回贮存瓶中。

将仪器倒置一会儿,让残存的洗液流尽,然后用自来水将附着在内壁上的洗液冲洗干净;最后用少量蒸馏水淋洗三次。

若仪器较脏,可将洗液充满整个仪器,浸泡一段时间,或用热的洗液洗涤,去污效果更好,但要注意安全,避免热洗液溅在皮肤上。

③ 洗液可重复使用,直至洗液变绿色($Cr_2O_7^{2-}$ 被还原成 Cr^{3+} 之故)。

④ 洗液变稀时,将会有重铬酸钾析出,氧化能力将有所降低,但仍可使用,也可将其蒸浓后再用。

洗液具有很强的腐蚀性,会灼伤皮肤和损坏衣物。如不慎把洗液洒在衣物上,应立即冲洗;若洒在桌上,应立即用抹布擦去,抹布用水洗净。

⑤ $Cr(VI)$有毒,对人体危害很大,应尽量少用,少排放。清洗残留在仪器上的洗液时,第一、二遍水不要直接倒入下水道,应倒入废液缸中统一处理,以免污染环境。

5. 氢氧化钠-高锰酸钾洗涤液

此类洗液适宜用于洗油腻及有机物较多的仪器。配制方法是称取 4 g 高锰酸钾溶于少量水中,缓慢地加入 100 mL 10% NaOH 溶液。

此类洗液腐蚀玻璃,不宜洗定量精密仪器,且洗后会有二氧化锰沉淀,可用浓盐酸或亚硫酸钠溶液洗去。

将洗干净的仪器倒置过来,水会顺着器壁流下,器壁上只留下一层既薄又均匀的水膜,不挂水珠。因手上有汗或油脂,检查仪器是否洗净应捏上口边缘,否则仪器外壁易挂水珠。

洗干净的仪器不要用布或纸擦拭,以免布或纸的纤维留在器壁上。

2.1.2　仪器的干燥

仪器的干燥一般有以下几种方法:

1. 烘干

将洗净的仪器倒置或平放于搪瓷盘中,放入电热干燥箱(即烘箱)中烘干。最好同时鼓风,使烘干速度加快。

2．烤干

将洗净的蒸发皿或烧杯之类大口器皿(耐热玻璃制作的)在石棉网上用小火加热烤干。试管可直接用小火来回移动烤干,但管口要比底略低呈倾斜状,防止回流水珠流入加热区而使试管破裂。

3．晾干

将洗净的仪器倒置或平放于干净的实验柜内(最好放在干净的搪瓷盘中再放入柜内)或仪器架上晾干。

4．吹干

用吹风机将洗净的仪器吹干。有时为了加快吹干速度,先用少量酒精或丙酮与仪器内水互溶,倒出,然后用冷风吹干。由于丙酮与酒精沸点较低,挥发快,易吹干。

2.2　基本度量仪器及其使用

2.2.1　液体体积的度量仪器

1．量杯和量筒

量杯和量筒是一种精度要求不太高的量取液体体积的度量仪器。一般容量有 5 mL、10 mL、25 mL、50 mL、100 mL、250 mL、500 mL、1000 mL 等,可根据需要选用,切勿用大容量的量杯和量筒量取小体积,这样会使精度下降。

量取液体时,应让量筒放平稳,且停留 15 s 以上待液面平静后,使视线与量筒(杯)内液体的弯月面最低处保持水平,视线偏高或偏低都会因读数不准而造成较大的误差(见图 2.1)。

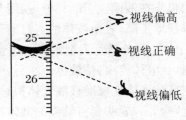

图 2.1　刻度的读数

一般来讲,量筒比量杯精度高一些。

如果不需要十分准确地量取试剂时,不必每次都用量筒,要学会根据经验来估计从试剂瓶内倒出液体的量。如普通试管的体积是 20 mL,则 2 mL 液体占试管总容量的十分之一;滴管每滴出 20 滴约为 1 mL,可以用计算滴数的方法估计所取试剂的体积。

2．移液管和吸量管

移液管和吸量管都是准确量取一定体积液体的精密度量仪器。

移液管是定容的大肚管,只有一条刻度线,无分刻度线,所以到了刻度线即为定温下的规定体积;一般容量有 1 mL、2 mL、5 mL、10 mL、20 mL、25 mL、50 mL、100 mL 等规格。

吸量管是一种直线型的带分刻度的移液管,一般有 0.1 mL、0.2 mL、0.5 mL、1 mL、2 mL、5 mL、10 mL 等规格。例如 5 mL 吸量管,最大容量为 5.00 mL,其分刻度为 5.00 mL、

4.50 mL、4.00 mL、…、0 mL,可移取 0～5 mL 内任意体积的液体,但准确度不如移液管。

移液管和吸量管的使用方法如图 2.2 所示。

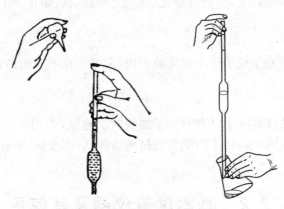

图 2.2　移液管的操作

①　首先用洗耳球吸取 1/4 移液管容量的铬酸洗液,然后用手按住,将移液管放平,两手托住转动让洗液润湿全部管壁,从上口倒出洗液;再用自来水洗去残存洗液,用蒸馏水洗数次后,用滤纸除去管尖端内外的水,最后用待移取的溶液洗三次,以保证待移取溶液的浓度不变。

每次用量为吸取溶液刚至移液管球部即可。

②　将移液管尖端插入待移取的溶液内,右手的拇指及中指拿住管颈标线以上的地方,左手拿洗耳球,用洗耳球将溶液吸入管内至标线以上,拿开洗耳球,迅速以右手食指按紧管口;左手拿起盛放待移取溶液的烧杯(或容量瓶),使烧杯倾斜约 45°,右手垂直提起移液管使其尖端出口靠在液面以上的杯壁,视线与管颈标线成水平;微微抬起按住管口的食指,使液面缓慢又平稳地下降,直至液体的弯月面最低点与标线相切,立即按紧管口,不再让液体流出。

③　将移液管尖端紧靠承接容器(如锥形瓶)内壁,并使容器倾斜、移液管直立,微微松开食指,让液体流出,待液体流尽后,停 15 s 再取出移液管;这时移液管的管尖还会残留少量液体,这部分液体在校准移液管体积时已被扣除,不要再用洗耳球吹入承接容器内(如吸量管上面标有"吹"字,表明要将管尖的液体吹出)。

如果实验要求更高的精度,还需要对移液管进行校正。

吸量管的使用方法同移液管,但移取溶液时应尽量避免使用尖端处的刻度。

3. 移液器

移液器又称移液枪,是一种用于定量转移液体的仪器,常用于实验室少量或微量液体的移取。移液器不但加样更为精确,而且品种也多种多样,如微量分配器、多通道微量加样器等。

(1) 移液器的种类

移液器根据原理可分为气体活塞式移液器和外置活塞式移液器两种,这两种不同原理的移液器有不同的特定应用范围。气体活塞式移液器又称空气垫移液器,主要用于固定或可调体积液体的移液,移液体积的范围在 1 μL 至 10 mL 之间。外置活塞式移液器主要用于处理易挥发、易腐蚀及黏稠的特殊液体。此类移液器的吸头一般由生产厂家配套生产,不能使用通常的吸头或不同厂家的吸头。

（2）移液器的使用方法

① 设定移取体积：如果是从大体积调节到小体积，则为正常调节方法，逆时针旋转刻度即可；若从小体积调节至大体积，可先顺时针调至超过设定体积的刻度，再回调至设定体积，这样可以保证最佳的精确度。

② 装配吸头：将单通道移液器移液端垂直插入吸头中，稍微用力左右微微转动，上紧即可。如果是多通道移液器，则可以将移液器的第一道对准第一个吸头，然后倾斜地插入，往前后方向摇动即可卡紧。

③ 移液：首先要保证移液器、吸头和液体处于相同温度。吸取液体时，移液器保持竖直状态，将吸头插入液面下 2～3 mm。在吸液之前，先吸放几次液体以润湿吸液嘴（尤其是要吸取黏稠或密度与水不同的液体时）。可以采取两种移液方法：a. 前进移液法。用大拇指将按钮按下至第一停点，然后慢慢松开按钮回原点，切记手指不能过快松开，否则将导致液体吸入移液器内部（5 mL 和 10 mL 移液器，慢吸液体达到预定体积后，需在液面下停顿 3s，再离开液面）。放液时吸头尖端靠在容器内壁将按钮按至第一停点排出液体，稍停片刻继续将按钮按至第二停点吹出残余的液体，最后松开按钮。b. 反向移液法。此法一般用于转移高黏液体、生物活性液体、易起泡液体或极微量的液体。先按下按钮至第二停点，慢慢松开按钮至原点，吸上之后，斜靠容器壁将多余液体沿器壁流回容器。接着将按钮按至第一停点排出设置好量程的液体，继续保持按住按钮位于第一停点，取下有残留液体的枪头弃之。

④ 移液器放置：使用完毕，退掉吸头，垂直挂于移液器架上，切勿将移液器水平放置或倒置，以免吸头中的液体倒流污染或腐蚀活塞弹簧。

⑤ 移液器的维护：a. 移液器使用完毕后调至量程最大值，且将移液器垂直放置；b. 若液体不小心进入活塞室应及时清除污染物；c. 避免放在温度较高以防变形致漏液或不准；d. 平时检查是否漏液的方法：吸液后在液体中停 1～3 s 观察吸头内液面是否下降；如果液面下降首先检查吸头是否有问题，如有问题更换吸头，更换吸头后液面仍下降说明活塞组件有问题，应找专业维修人员修理。

4. 容量瓶

容量瓶是用来配制准确浓度的溶液或稀释一定量溶液到一定体积。容量瓶颈部有一刻度线，在瓶上标明使用的温度和容量。一般容量有 10 mL、25 mL、50 mL、100 mL、200 mL、250 mL、500 mL、1000 mL、2000 mL 等规格。

容量瓶使用方法如下：

① 容量瓶配有磨口玻璃塞或塑料塞，洗涤前应检查是否漏水。

在瓶中加入一定量水，塞好瓶塞，左手手指托住瓶底边缘，右手食指顶住瓶塞，将瓶倒立 2 min，观察瓶塞有无漏水或渗水现象。

若不漏水，将瓶塞旋转 180° 后塞紧，再检查是否漏水。瓶塞可以用细绳或橡皮筋系在瓶颈上，防止瓶塞打碎或和容量瓶不配套。

② 容量瓶用铬酸洗液洗至内壁不挂水珠，再用自来水、蒸馏水洗涤。

③ 将准确称取的固体物质在烧杯中溶解，再将溶液定量转移到容量瓶中（见图 2.3）。在转移过程中，将玻璃棒下端插入容量瓶瓶颈内壁，烧杯嘴紧靠玻璃棒，使溶液沿玻璃棒慢慢流入容量瓶。

残留在烧杯中的溶液用少量蒸馏水洗涤3～5次,洗涤液合并至容量瓶中,继续加蒸馏水至容量瓶容积3/4左右时,摇动容量瓶使溶液初步混匀,再加水至接近刻度线1 cm左右处,等1～2 min,使刻度线以上的水膜流下,用洗瓶或滴管滴加水至刻度线。

塞紧瓶塞,用右手食指顶住瓶塞,左手托住瓶底,倒转摇动多次,使瓶内溶液混合均匀(见图2.4)。

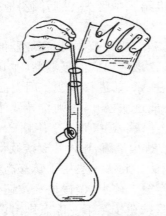
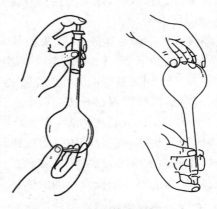

图2.3　转移溶液至容量瓶操作　　　　图2.4　容量瓶溶液混匀操作

热溶液应冷至室温才能转移至容量瓶,需避光的溶液要使用棕色容量瓶。必要时容量瓶体积应校正。

5. 滴定管

滴定管有酸式、碱式还有酸碱通用的,目前实验室常用酸碱通用的滴定管。

(1) 检查是否漏水

向滴定管中加水至零刻度附近,垂直架在滴定台上,观察滴定管口是否滴水,活塞与塞槽间隙处是否漏水。若不漏,将活塞旋转180°后再进行检查,若不漏水即可进行下步操作。

(2) 洗涤方法

倒入铬酸洗液约1/4容积,慢慢倾斜旋转滴定管,使管壁全部沾上洗液,然后打开活塞让洗液充满下端,再关闭活塞,将洗液从管口倒回贮存瓶;打开活塞,让下端洗液全部流入贮存瓶中。用自来水洗去残存洗液,用蒸馏水洗3～4次,最后用滴定液洗三次。

(3) 装溶液及赶气泡

用滴定液润洗滴定管后,加液到零刻度以上,将活塞开到最大,放出一些溶液,赶去活塞下端气泡,关上活塞。若下端还有气泡,可重新打开活塞,将滴定管垂直向下用力一甩,即可赶去气泡。

(4) 读数操作

滴定管是一种精密的液体度量仪器,因此读数是一个非常重要的操作。

滴定管应垂直架于滴定台上,读数时,视线应与液体弯月面最低点保持水平,偏高或偏低都会带来误差。若滴定台太高,可将滴定管取下,用一只手的拇指和食指轻轻捏住滴定管上部,让滴定管自然竖直,上下移动滴定管至弯月面最低点与视线水平时读数。50 mL、25 mL滴定管可读至小数点后二位。

为了便于读数,可制作"读数卡"。在一张白卡片中间贴一张 3 cm×1.5 cm 的黑纸(或用墨水涂黑)即成读数卡。读数时,手持读数卡放在滴定管背后,使黑色部分在弯月面下 1 mm 左右,弯月面被反射成黑色(见图 2.5),读此弯月面的最低点。像高锰酸钾溶液这样的深色溶液,则读取液面的最高点。

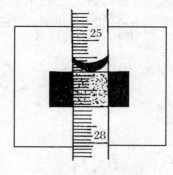

图 2.5　读数卡读数

还有一种蓝线滴定管,滴定管内有一整条白色不透明玻璃,中间有一条蓝线,则液体有两个弯月面相交于滴定管蓝线的某一点。读数时,视线应与此点处于同一水平面上。如为有色溶液,应使视线与液面两侧的最高点相切。

(5)滴定操作

滴定时,最好每次都从 0.00 mL 开始,或从接近0.00 mL 的某一刻度开始,这样可减少滴定管刻度不均匀带来的误差。

滴定过程最好在锥形瓶中进行,必要时可在烧杯内进行。

滴定管垂直地夹在滴定管夹上,下端伸入到锥形瓶口以下约 1 cm,滴定姿势见图 2.6,左手控制滴定管活塞,大拇指在前,食指和中指在后,手指略微弯曲,手心空握,防止顶出活塞;手指轻轻向内扣住开启活塞,以免活塞松动。

右手握持锥形瓶,边滴边摇动,且向同一方向作圆周旋转,不能前后或上下振动,以免溶液溅出。开始滴定速度可快些,一般控制在每分钟 10 mL 左右,每秒3~4滴,即一滴接着一滴,或成滴不成线。临近滴定终点时,应一滴或半滴地加入,即加入一滴或半滴后用洗瓶吹入少量水

图 2.6　酸式滴定管操作

洗锥形瓶壁,摇匀,再加入一滴或半滴,摇匀,直至指示剂变色而不再变化为止,即可认为终点到达。

2.2.2　温度计

实验室中常用的测量温度的仪器是水银温度计和酒精温度计。水银温度计有不同的测量范围,常用的为 0~100 ℃、0~250 ℃、0~360 ℃,其精度为 0.1 ℃;较精密的温度计刻度为 1/5 ℃或 1/10 ℃,常用规格为 0~50 ℃,可测准至 0.02 ℃或 0.01 ℃。测量时应根据测量范围与精度来选择合适的温度计,否则易损坏温度计或达不到要求的精度。

测量正在加热的液体温度时,最好将水银温度计悬挂起来,并使水银球完全浸没在液体中。不要使水银球接触容器底部或壁上,更不能将水银温度计作为搅拌棒使用,以免把水银球碰破。

切勿将刚测量过高温的温度计放入冷水中或将刚测量过低温的温度计用热吹风机吹,否则都会使水银球炸裂。

温度计是玻璃制品,特别是水银球处玻璃较薄,所以要轻拿轻放,也不要甩动,以免敲碎。如测量高温,可使用热电偶或高温计。

2.3 试剂及其取用方法

2.3.1 试剂的分类

一般实验室所用的化学试剂按杂质含量的多少分为三级:优级纯、分析纯、化学纯,见表2.1。由于化学试剂级别之差,在价格上相差极大,取用时,应按不同的实验要求选用不同规格的试剂。

表 2.1　化学试剂纯度分级表

级别	一级品	二级品	三级品
中文名称	优级纯	分析纯	化学纯
英文符号	GR	AR	CP
标签颜色	绿色	红色	蓝色
一般用途	精密分析实验	一般分析实验	一般化学实验

此外还有实验纯(LP)的试剂,其纯度较差,只适用于一般化学实验和合成制备。

除了上述四个级别外,目前市场上还有:标准试剂是指衡量其他物质化学量的标准物质试剂,是严格控制主体含量的试剂;高纯试剂其主体含量与优级纯相当,杂质含量比优级纯、标准试剂均低;专用试剂是指具有特殊用途的试剂。各类仪器分析所用试剂,有色谱分析标准试剂、核磁共振波谱分析专用试剂等。

2.3.2 试剂的保存

化学品存放时需注意安全,根据试剂的毒性、腐蚀性、易燃性、氧化性等特点,分类合理存放,切勿将不相容的、相互作用会发生剧烈反应的化学品混放。存放化学品的场所必须整洁、通风、隔热、安全、远离热源和火源。

① 固体化学试剂装在大口玻璃瓶或塑料瓶中,液体试剂装在细口瓶或塑料瓶中。见光易分解的试剂(如 $KMnO_4$、$AgNO_3$ 等)装在棕色瓶中;易潮解且易被氧化或还原的试剂(如 Na_2S)除装在密封瓶中,还要蜡封;碱性试剂(如 $NaOH$)装在塑料瓶中。

② 剧毒化学品需存放在不易移动的保险柜或者带双锁的冰箱里,实行"双人领取、双人运输、双人双锁保管、双人使用、双人记录"的五双制度,并切实做好相关记录。

③ 易爆品应与易燃品、氧化剂隔离存放,宜保存于防爆试剂柜、防爆冰箱或经过防爆改造

的冰箱内,控温于 20 ℃以下;易产生有毒气体或刺激性气味的化学品应存放于配有通风吸收装置的试剂柜内;腐蚀品应放于防腐蚀柜中。

④ 强氧化性的盐类(如高锰酸钾、氯酸钾等)不能与强酸混放;遇酸可产生有害气体的盐类(硫化钠、氰化钾、亚硝酸钠等)也不可与酸混放;卤素不能与氨、酸及有机物混放。

⑤ 活泼金属钾、钠不能与水接触或暴露于空气中,应保存于煤油中;白磷在空气中易自燃,应保存于水中。

2.3.3　固体试剂的取用方法

固体试剂一般用牛角匙或塑料匙取用。牛角匙或塑料匙的两端分别为大小两个匙,且随匙柄的长度不同,匙的大小也随着变化。取大量固体时用大匙,取少量固体时用小匙。

取用试剂时,牛角匙必须洗净擦干才能用,以免沾污试剂。最好每种试剂配备一个专用牛角匙。取用试剂时,一般是用多少取多少,取好后立即把瓶盖盖紧,瓶盖不能弄混,用完后随手将试剂瓶放回原处。需要蜡封的,必须立即重新蜡封。

若要求称取一定量的固体试剂时,可先在台秤盘上放称量纸或表面皿,使台秤平衡,然后将固体试剂放在称量纸上或表面皿上称量。易潮解或有腐蚀性的物质不能放在纸上,改用烧杯或锥形瓶称量。

若要求准确称取一定量的固体试剂作基准物或配制标准溶液,一般采用减量法或固定质量法在分析天平上称量,具体称量方法详见 3.1.3。

2.3.4　液体试剂取用法

1. 用倾注法取液体操作

打开试剂瓶盖,反放于桌上,以免瓶盖被沾污造成试剂级别下降。用右手手掌对着标签握住试剂瓶,左手拿玻璃棒,使其下端紧靠容器内壁,将瓶口靠在玻璃棒上,缓慢地竖起试剂瓶,使液体试剂成细流沿着玻棒流入容器内。

试剂瓶切勿竖得太快,否则易造成液体试剂不是沿着玻棒流下而冲到容器外,造成浪费,有时还有危险。如直接往试管、量筒等容器倒入试剂,倒完后,应将试剂瓶口在容器上靠一下,再让试剂瓶竖直,可以避免残留在瓶口的试剂从瓶口流到试剂瓶的外壁。试剂瓶用完后应放回原处,瓶上的标签朝外。

易挥发的液体试剂(如浓 HCl),应在通风橱内取用。易燃烧、易挥发的物质(如乙醚等)应在周围无火种的地方移取。反应容器的液体试剂加入量不得超过容器的 2/3 容积。试管实验,试剂量最好不要超过 1/2 容积。

2. 少量试剂的取用法

首先用倾注法将试剂转入滴瓶中,然后用滴管滴加,一般滴管每滴约 0.05 mL。若需精确量,可先将滴管每滴体积加以校正。方法是用滴管滴 20 滴于 5 mL 干燥量筒中,读出体积,算出每滴体积数。

用滴管加入液体试剂时,滴管可垂直或倾斜滴加,禁止将滴管伸入试管等容器中。否则滴管的管端会碰到器壁而粘附了其他溶液,如再将此滴管放回试剂瓶中,试剂将被污染,不能再使用。

滴瓶上的滴管只能专用,用完后应立即插回原滴瓶中,不能和其他滴瓶上的滴管混用。滴管从滴瓶中取出试剂后,应保持橡皮头朝上,不要平放或斜放,防止滴管中试剂流入橡皮头,腐蚀橡皮头,沾污试剂。

必须注意一点,任何试剂取出后,不得返入试剂瓶中,以免试剂被沾污。

2.4 加热的方法

2.4.1 加热器的类型

1. 电加热器

实验室常用的电加热器有磁力搅拌加热器、电炉、电热套、管式炉、马弗炉。调节加热温度的高低一般通过调节外电阻或外电压来控制。

电热套主要用于蒸馏瓶、圆底烧瓶等加热,其保温性能好、热效高。一般规格是与烧瓶的容积相匹配的。

2. 水浴、油浴和沙浴

若实验要求被加热物质受热均匀,且温度不超过 100 ℃用水浴;100 ℃以上用油浴或沙浴,油浴温度可达 250 ℃。

(1) 水浴

通常使用的水浴锅有铜水浴锅(也可用铝锅或大烧杯代替)和电热控温水浴锅等。在水浴锅中盛水(一般不超过容量的 2/3),将盛有反应体系的容器浸入水中,利用水控温加热。若盛有反应体系的容器并不浸入水中,而是通过水蒸气来加热,则称之为水蒸气浴。

使用水浴加热时,应注意以下几点:

① 水浴中水量应经常保持在容量的 2/3 左右。特别在 90 ℃以上加热时,应注意经常加入适量热水,防止水浴锅烧干。

② 尽量保持水浴的严密,减少水的蒸发量。

③ 反应器的底部不能与电加热器相接触,避免容器受热不均匀而破裂。

(2) 油浴

以油代替水即油浴。油浴不宜烧沸,宜在通风橱中进行加热。应注意油温升高会产生油烟,达到燃点时会着火,此时应立刻撤去热源,用木板盖住油浴,不久火即可熄灭。也可用细沙慢慢投入油中来降低温度,但不能投掷沙子或泼水,否则非常危险。

(3) 沙浴

简易沙浴只要在铁板或铁盘上放上一层均匀的细沙,然后用电炉加热即成。测量温度时,只要将温度计插入沙中,但不能碰到铁板或铁盘。

沙浴的成品为电热沙浴,温度有高、中、低三挡开关控制。选择水浴、油浴或沙浴,主要是根据反应条件而定。

2.4.2 液体的加热

1. 在水浴中加热

在水浴中加热适用于沸点低于 100 ℃ 的纯液体、在 100 ℃ 以上易变质的溶液或纯液体以及要求在 100℃ 以下反应的溶液。低沸点的易燃液体一般都在电热水浴中加热。

2. 直接加热

直接加热适用于在较高温度下不分解的溶液或纯液体。此类溶液若装在烧杯、烧瓶中,一般均放在石棉网上直接用酒精灯或电炉加热。试管中的液体,除了易分解溶液或控温反应外,一般是在火焰上直接加热。但在火焰上直接加热时,应注意以下几点:

① 一般用试管夹夹在试管长度的 3/4 处左右进行加热;加热时,管口向上,略呈倾斜。但不要把管口对着别人或自己,以防液体受热暴沸冲出,发生意外事故。

② 加热时,先由液体的中上部开始,慢慢下移,然后不时地上下移动,避免集中加热某一部分而引起暴沸。

2.4.3 固体的加热

固体试剂(或试样)可用磁力搅拌加热器、酒精灯、管式炉或马弗炉直接加热,一般均将固体放在试管、蒸发皿、瓷舟、坩埚中进行加热。下面简单介绍一下加热装置及方法。

1. 在试管中加热

试管稍稍向下倾斜,管口低于管底,目的使固体反应产生的水或固体表面的湿存水遇热形成的蒸气扩散到管口过程中,遇冷又凝成水珠,就可顺势滴出试管。

若试管向上倾斜,则凝结的水珠流到加热区,灼热的玻璃突然遇冷而发生炸裂现象。加热时,首先将火焰由上到下均匀加热一下,然后再集中加热某一部位。

2. 在蒸发皿中加热

当加热较多的固体时,一般在蒸发皿中进行,可直接在磁力搅拌加热器上加热,但要注意充分搅拌,使固体受热均匀。

3. 在坩埚中灼烧

固体需高温熔融、高温分解或灼烧时,一般在坩埚中进行。若含有定量滤纸的沉淀灼烧,首先要在低温将滤纸灰化后,再用高温灼烧,以防滤纸燃烧带走沉淀,还可能发生高温还原反应,改变组成或破坏坩埚。

注意,用坩埚钳夹高温坩埚时,坩埚钳必须在火焰上预热后才去夹,否则会使坩埚变形,甚至造成破裂。坩埚钳用后应平放于石棉网上。

2.5　固　液　分　离

常用的固、液分离方法有三种:倾析法、过滤法和离心分离。

2.5.1　倾析法

当晶体的颗粒较大或沉淀的比重较大,静置后能沉降至容器底部,可用倾析法进行沉淀的分离和洗涤。为了加快过滤速度,将待滤溶液静置一段时间,让沉淀尽量沉降,然后将上层清液先行过滤,待清液滤完再倒入沉淀过滤,避免前期沉淀堵塞滤纸的小孔而减慢过滤速度。

洗涤时,往盛有沉淀的容器内加入少量洗涤液,充分搅拌后静置、沉降,倾去洗涤液。如此重复操作2~3遍,即可洗净沉淀,使沉淀与溶液分离。

2.5.2　过滤法

过滤是最常用的分离方法,溶液的黏度、温度、过滤时的压力、过滤器孔隙的大小和沉淀的状态都会影响过滤的速度。溶液的黏度越大,过滤越慢;热的溶液比冷的溶液容易过滤。

要根据过滤的要求选择合适的过滤方法和过滤器种类。过滤器的空隙要合适,太大时沉淀会透过,太小则易被沉淀堵塞。沉淀呈胶状时,需加热一段时间或滴加合适的电解液处理后方可过滤,否则沉淀会透过滤纸。

常用的三种过滤方法是常压过滤、减压法过滤和热过滤。

1. 常压过滤

(1) 滤纸的折法

将圆形滤纸对折两次成扇形,放在漏斗中量一下,若比漏斗大,用剪刀剪成滤纸边缘比漏斗的圆锥体边缘低2~5 mm的扇形。将滤纸折一次并撕去一角(为扇形的1/4~1/3高度),打开扇形成圆锥体,一边为三层(包含撕角的二层),一边为单层,放入漏斗中(标准漏斗的角度为60°,这样滤纸可完全紧贴漏斗内壁)。

如果略大于或小于60°,则可将滤纸第二次折叠的角度放大或缩小即可,用食指按住滤纸并和漏斗内壁密合,以少量水润湿滤纸四周,赶出滤纸和漏斗内壁之间的气泡,使滤纸与漏斗内壁紧贴。此时,漏斗颈内充满滤液,形成水柱,可加快过滤速度。

标准长颈漏斗的水柱是自然形成的,但一些不标准漏斗可这样做水柱:以手指将漏斗颈的下口堵住,加入半漏斗水,然后用手轻压滤纸贴紧,赶走气泡,让水自然漏下,水柱就做成了。

(2) 过滤操作

如图2.7所示,将漏斗放在漏斗架上,承接滤液的容器内壁与漏斗斜口最下端紧靠,左手拿玻璃棒轻轻地靠在三层滤纸一边,右手握盛待过滤液的容器,容器口紧靠玻璃棒,慢慢地向上倾斜,让待过滤液成细流沿玻璃棒流下,当溶液已达滤纸3/4高度暂停加入,待过滤完一部分,再重复加液操作。

若需要暂停加液操作,可将盛有待过滤液的容器口紧靠玻璃棒,一起脱离滤纸,然后将玻棒沿容器口向上提(不能脱开)直至提进容器内,这样就不会损失一滴待过滤液。

过滤时要先转移溶液,后转移沉淀。若需要洗涤沉淀,等溶液转移完后,往留有沉淀的容器中加入少量蒸馏水,充分搅拌并放置,待沉淀沉降后,将洗涤溶液转移入漏斗,如此重复操作2~3次,再将沉淀转移到滤纸上。洗涤沉淀时要遵循少量多次、螺旋式洗涤的原则见图2.8。检查滤液中的杂质,判断沉淀是否洗净。

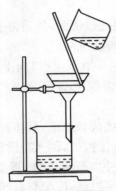 

图 2.7 过滤操作   图 2.8 沉淀的转移及洗涤

2. 减压法过滤(又称抽滤)

减压法过滤是利用压力差来加快过滤速度,还可以把沉淀抽吸得比较干燥,但是不适用于胶态沉淀和颗粒很细的沉淀的过滤。因为胶态沉淀在抽滤时会透过滤纸;细小沉淀会堵塞滤纸孔或在滤纸上形成一层密实的沉淀而减慢过滤速度。

(1)减压过滤装置

减压过滤装置如图 2.9 所示,其主要组成如下:

① 布氏漏斗。上面有很多瓷孔,下端颈部装有橡皮塞。

② 吸滤瓶。用来承接滤液,并有支管与抽气系统相连。

③ 循环水泵。起到带走吸滤瓶中空气使吸滤瓶中减压的作用。

④ 安全瓶。当水泵水的流量突然加大或变小,

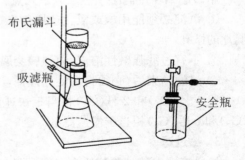

图 2.9 减压过滤的装置

或在滤完后不慎先关闭水阀时,由于吸滤瓶内压力低于外界压力而使自来水反吸入吸滤瓶,沾污滤液。安全瓶的作用就在于能隔断吸滤瓶与水泵的直接联系,即使发生倒吸也不会沾污滤液。若不要滤液时,也可不接安全瓶。

(2)减压过滤的操作过程

① 按图2.9接好装置。注意两点:一是安全瓶的长管接水泵,短管接吸滤瓶;二是布氏漏斗颈口的斜面对着吸滤瓶的支管,防止滤液进入支管被抽走。

② 将滤纸剪得比布氏漏斗内径略小一些,能将瓷孔全部盖住即可。用少量蒸馏水润湿滤纸,再开启水泵抽气,使滤纸紧贴在瓷板上,此时才能开始过滤。

③ 应用倾析法过滤,先将清液沿玻璃棒倒入漏斗,滤完后再将沉淀均匀地移入滤纸中间部分抽滤。

④ 当滤液液面接近于吸滤瓶支管的水平面时,应拔去吸滤瓶上橡胶管,取下漏斗,将滤液从吸滤瓶的上口倒出。然后再安上漏斗,接好橡胶管,继续过滤。

⑤ 在抽滤过程中,不得突然关闭水泵。如欲取出滤液或停止抽滤,应先拔去吸滤瓶支管上的橡胶管,然后再关水泵,否则会发生倒吸。

⑥ 洗涤沉淀时,应先停止抽滤,让少量洗涤液缓慢通过沉淀,然后再抽滤。

⑦ 为了尽量抽干沉淀,最后可用平顶的玻璃瓶塞挤压沉淀。

⑧ 沉淀滤干后,拔去吸滤瓶支管上的橡胶管,将漏斗取下,颈口向上倒置,用塑料棒或木棒轻轻敲打漏斗边缘;或在颈口用洗耳球吹气,可使沉淀脱离漏斗,落入预先准备好的滤纸上或容器中。

若抽滤酸性、强碱性或强氧化性溶液,可用石棉纤维代替滤纸,具体操作如下:

先将石棉纤维在水中浸泡一段时间,然后将石棉纤维搅匀,倒入布氏漏斗中,减压抽滤,使石棉紧贴在瓷板上成一层均匀的石棉层,若有小孔应补加石棉纤维,直至没有小孔为止。注意,石棉层不宜太厚,否则过滤速度太慢。由于用石棉层过滤,沉淀与石棉纤维混杂在一起,所以这种方法只适用于不保留沉淀的过滤。

若要过滤强酸性或强氧化性的溶液,可用砂芯漏斗(或称玻纤砂漏斗)。这种漏斗是在漏斗下部熔接一片微孔烧结玻璃片作底部取代滤纸。微孔烧结玻璃片(又称砂芯)的空隙规格有1号、2号、3号、4号、5号、6号。1号孔径最大,6号最小,可根据沉淀颗粒不同来选用,最常用的是3号和4号。过滤操作与减压过滤相同。

用砂芯漏斗过滤必须注意以下几点:

① 沉淀必须能用酸或氧化还原剂在常温下溶解,且不产生新的沉淀,否则会堵塞烧结玻璃片的微孔。

② 不宜过滤强碱性溶液,因强碱会腐蚀玻璃而堵塞微孔。

③ 过滤结束后,必须将沉淀处理掉,洗干净才能存放。

④ 1号(G_1)和2号(G_2)相当于快速滤纸。3号(G_3)和4号(G_4)相当于中速滤纸。5号(G_5)和6号(G_6)相当于慢速滤纸。

3. 热过滤

如果溶液中的某些溶质在温度下降时易大量结晶析出,常采用热过滤装置。即在短颈漏斗外套一个形状与漏斗一样的铜空心套,内装热水,且铜套有一个密封支管可供酒精灯或煤气灯加热用。如没有热过滤装置,也可在过滤前将短颈漏斗放在水浴上用蒸气加热后使用。

热过滤时选用的玻璃漏斗的颈部尽可能短而粗,以免过滤时溶液在漏斗颈内停留过久,晶体析出而堵塞漏斗。

2.5.3　离心分离法

如被分离的沉淀量很少或沉淀易堵塞滤纸,一般采用离心分离方法。

离心分离法是将待分离的沉淀和溶液装入离心试管后,置于离心机中高速旋转,利用高速旋转产生的离心力及沉淀物与溶液间存在的比重差使比重较大的沉淀集中在离心管底部,上层为清液。

实验室常用电动式离心机,现以 TDL-80-2B 低速台式离心机(图 2.10)为例,简要介绍离心机的使用方法及注意事项:

① 把离心机放在水平且稳定的实验台面上,用手轻摇一下离心机,看其是否放置平稳。

② 使用前必须检查面板上的各旋钮是否在初始位置。

③ 每支离心管装入等量样品后,对称放置于转头内,以免重量不均,放置不对称,而使壁机在运转过程中震动。

④ 拧紧盖形螺帽,盖好离心机盖,然后打开电源开关,指示灯亮。

⑤ 旋转定时旋钮至所需的时间,旋转调速旋钮,转头开始运转,转速表指针将指示实际转速。

⑥ 转头运转到设定时间后,自动降速直至完全停止,转速表指针恢复至零。离心机应自然停转,切不可用外力强制它停止旋转,否则易损坏离心机,而且容易发生危险。

⑦ 若沉淀的相对密度较大或结晶的颗粒较大,离心沉降后可用倾析法,直接将上层清液倒出,否则需用滴管把清液与沉淀分开。具体方法是:取出离心管,用左手斜握离心管,右手拿毛细滴管由上而下缓慢地吸出清液(见图 2.11),当毛细管的末端接近沉淀时,操作要特别小心,以防吸入沉淀。

图 2.10　电动离心机

图 2.11　吸出清液

⑧ 沉淀和溶液分离后,一般在沉淀表面总残留一些溶液,需要经过洗涤才能得到纯净的沉淀。可在留有沉淀的离心管中加入适量蒸馏水或合适的电解质洗涤液,洗涤液的体积是沉淀体积的 2～3 倍。用玻璃棒充分搅拌后,离心分离,用毛细滴管将上层清液吸出;如此重复操作 2～3 次一般就可洗净沉淀表面的溶液。

2.6 蒸发和结晶

2.6.1 蒸发浓缩

当溶液较稀且溶质的溶解度较大时,常采用蒸发浓缩的方法结晶。蒸发浓缩一般是在蒸发皿中进行,由于蒸发皿呈弧形,上口大底小,所以蒸发面积大,蒸发速度快。蒸发皿不但可用水浴、蒸气浴加热,还可以直接用火焰加热,选用何种加热方法主要根据无机物的热稳定性来决定。

加入蒸发皿的溶液不宜超过其容积的 2/3,若用火焰直接加热须注意蒸发皿底部不能潮湿,否则易烧裂,若底部潮湿可先用小火烤干。当蒸发至近沸时,应不断搅拌,且应调小火焰或暂时移开火源,以防暴沸。

至于浓缩到什么程度需视溶质的溶解度与结晶要求大小而定。如物质的溶解度较大,可浓缩到表面出现晶膜时停止;如溶解度较小或高温溶解度大而室温溶解度小时,可浓缩一定程度,如吹气有晶膜出现或再稀一些即可,不必一定要到晶膜出现才停止。若要求快些结晶、晶体颗粒小一些,可浓缩至溶液浓一些。

2.6.2 重结晶

重结晶是提纯固体物质的重要手段之一,特别是与易溶性物质分离的重要手段。将待提纯的物质溶于适当的溶剂中,除去杂质离子、滤去不溶物后,蒸发浓缩,析出晶体。一般重结晶次数愈多,晶体纯度愈高,但得率也愈低。

在重结晶过程中,析出晶体的颗粒大小除了与在蒸发浓缩中讨论的因素有关外,还与结晶条件有关。当溶质的溶解度较大,溶液的浓度较高,冷却较快,且不断搅拌,摩擦器壁,则析出晶体快而小。若溶液浓度不高,自然冷却或温水浴逐步冷却,投入晶种(即纯溶质的小晶体)引种,静置,则析出晶体慢而大。

晶体的纯度与颗粒大小及均匀性有关。颗粒较大且均匀的晶体,挟带母液较少,比表面积小,易于洗涤,纯度较高。晶体太小且大小不均匀时,易形成糊状物,挟带母液较多,比表面积大不易洗涤,纯度较差。如果结晶很大,纯度也高,但残存母液较多,得率小,损失大,除特殊需要外,一般结晶颗粒不宜太大。

残存母液可继续浓缩再结晶,但此时由于易溶杂质离子浓度也增大了,结晶时发生携带现象,晶体纯度较差一些。

2.7 干燥器的使用

干燥器(见图 2.12)的下部装有干燥剂,如变色硅胶、无水氯化钙、浓硫酸等,一般固体干燥剂直接放在下部,液体干燥剂放在烧杯内,上下部之间有一块带孔的圆形瓷板,以盛放容器。

图 2.12　干燥器的搬移和开启

干燥器的口上和盖子下面都带有磨口,使用时,在磨口上涂一层薄薄的凡士林,使盖子密封,防止外界水汽进入干燥器内。干燥器长期没打开,有时凡士林会粘住,打不开盖子,可用吹风机吹热风烘热(注意吹风机不能靠在干燥器盖上吹,否则会发生破裂),再打开就容易了。

灼烧后的高温物体,须稍冷却后再放入干燥器内瓷板上,但无须冷至室温。

干燥器长期不用存放时,要用有机溶剂将磨口上的凡士林擦干净后保存。

2.8 点滴板的使用

点滴板分白色和黑色两种,均是上釉的瓷板,板上有若干个凹槽。

利用点滴板上凹槽作点滴反应,若观察反应过程中的颜色变化或有色沉淀用白色点滴板,观察白色沉淀用黑色点滴板,这样有利于观察和判断。

使用点滴板时,必须洗净,吹干或烘干,以免点滴反应进行时稀释溶液,影响灵敏度。

2.9 pH 试纸及其他试纸的使用

2.9.1 pH 试纸

pH 试纸是检验溶液 pH 的一种试纸。一般分成两类:一类是广泛 pH 试纸,有 pH 1～10、

1～12、1～14 3 种,是一种粗略检测溶液 pH 的试纸;另一类是精密 pH 试纸,有 pH 2.7～4.7、3.8～5.4、5.4～7.0、6.9～8.4、8.2～10.0、9.5～13.0 等 7 种变色范围,检测的精度比广泛 pH 试纸高。

pH 试纸使用时要注意节约,应先剪成小块。将一小块试纸放在点滴板上,用玻璃棒伸入待测溶液中,在器壁上靠一下,将沾有待测溶液的玻璃棒点在试纸中部,试纸即被待测液润湿而变色,与标准色阶板比较,测出 pH 或 pH 范围。不要将待测溶液滴在试纸上,更不要将试纸浸在溶液中,否则易影响判断。

没用完的试纸应保存在密闭的容器中,以免被实验室内的一些气体污染。

2.9.2　碘化钾-淀粉试纸

碘化钾-淀粉试纸是一种定性检验氧化性气体(如 Cl_2、O_3、Br_2 等)的简易方法。

试纸的制备方法:称取 3 g 淀粉用少量水润湿后,取 250 mL 沸水倒入淀粉杯中搅匀,冷却后,加 1 g KI 和 1 g Na_2CO_3,以水稀至 500 mL,搅匀。将滤纸浸湿于此液中,取出晾干,剪成合适的纸条保存在棕色试剂瓶中。

注意:滤纸从溶液中取出后不要在阳光下晒干,以防 I^- 在光照下分解或被氧化成 I_2 使试纸变蓝。

使用时,只需将试纸润湿后沾在干净的玻璃棒上,接触氧化性气体,如为氯气,气体溶于水中与 KI 发生反应

$$2I^- + Cl_2 =\!=\!= 2Cl^- + I_2$$

I_2 遇到淀粉生成一种蓝色的复合物,使试纸由白色变为蓝色,即可判断有氧化性气体存在(有时呈蓝紫色)。

若氧化性很强的气体,且浓度较大,有可能将 I_2 继续氧化成 IO_3^-,而使试纸又褪色,不要误认为没有变色,而得出错误结论,在使用时要仔细观察分析。

2.9.3　醋酸铅试纸

醋酸铅试纸是一种检验 H_2S 气体的试纸。

当湿润的试纸与 H_2S 气体接触时,发生反应

$$Pb(Ac)_2 + H_2S =\!=\!= PbS\downarrow + 2HAc$$

使试纸变黑且有金属光泽。

试纸的制备方法如下:将滤纸浸入 3 % 醋酸铅溶液中润湿取出,在没有 H_2S 气体的房间中晾干,剪成合适的纸条,保存在密封瓶中即可。

除了上述 3 种试纸,也有人利用有关化学反应制备特种试纸,检测一氧化碳、汞蒸气等。试纸除了作定性实验用以外,也在做定量分析实验中使用。

2.10　通风橱的使用

化学实验过程中经常会使用或产生各种有毒有害气体,这些气体如不及时排出实验室,会造成室内空气污染,影响实验室人员的健康和安全,影响一些设备的精度和使用寿命,因此良好的通风系统是化学实验室不可或缺的重要组成部分。

通风橱功能强、种类多、使用范围广、排风效果好,是实验室中最常用的局部通风设备。只有在正确使用的前提下,通风橱才能提供有效保护,通风橱使用时一般注意事项如下:

① 通风橱工作时应尽量关上通风橱的移动玻璃门,防止受污染的空气流出而污染实验室内空气。

② 工作中切不可将头伸入通风橱内。

③ 通风橱内的化学反应不可处于无人照看的状态。

④ 通风橱内不可同时放置能产生电火花的仪器和可燃化学品。

⑤ 通风橱内严禁堆放大量化学实验器材或化学试剂,否则会减少空气流通,降低通风橱的通风效率。

⑥ 危险化学品存放于安全柜内,勿将危险化学品长时间存放通风橱内。

⑦ 永久性电器插座等必须安装在通风橱移动玻璃门外侧。

第 3 章　常用实验仪器的使用方法

3.1　电 子 天 平

3.1.1　基本原理

电子天平是一种常用的称量仪器,是基于电磁学原理制造的,一般电子天平都装有小电脑,具有数字显示、自动调零、自动校正、扣除皮重、输出打印等功能,有些产品还具备数据贮存与处理功能。近年来,我国已经生产了多种型号的电子天平,有顶部承载式(吊挂单盘)和底部承载式(上皿式)两种结构。不同类型的天平在称量的准确度上会有不同,实验中应根据对样品称量准确度的要求而选用相应类型的天平。

3.1.2　操作过程

电子天平的一般操作方法是:通电预热一定时间(按照说明书规定);调整水平;待零点显示稳定后,用自带的标准砝码进行校准;取下标准砝码,零点显示稳定后即可进行称量。短时间内暂时不用天平,可不关闭天平电源开关,以免再使用时重新通电预热。

电子天平操作简单,称量速度很快。以赛多利斯 BSA 系列电子分析天平(见图 3.1)为例介绍具体的操作步骤:

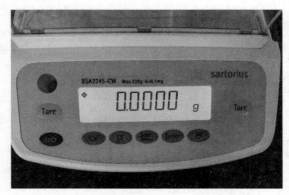

图 3.1　赛多利斯 BSA 系列电子天平面板

① 打开电源,预热 30 min。当天平显示屏出现稳定的 0.0000 g 时,天平完成自检,即可进行称量。

② 打开天平门,将称量物放入天平的称量盘中,关上天平门,待读数稳定后记录显示的数据。如需进行"去皮"称量,则按下"TARE"键,使其显示读数为稳定的 0.0000 g;

③ 按相应的称量方法(见 3.1.3)进行称量,当显示器出现稳定标记的重量单位"g"或其他选定的单位时,记录数值及相应的单位。

3.1.3　天平的称量方法

常用的称量方法有直接称量法、固定质量称量法、递减称量法。

1. 直接称量法

天平调好水平及置零后,将称量物放在称量盘上直接称量物体的质量。这种称量方法适用于称量洁净干燥的器皿、重量分析实验中坩埚的质量等。注意:不得用手直接取放被称物,以免手上的汗液和体温影响被称物,可采用戴手套、垫纸条、用镊子或钳子等合适的办法。

2. 固定质量称量法(增量法)

此种称量法适用于不易吸潮、在空气中能稳定存在的粉末状或小颗粒(最小颗粒应小于 0.1 mg,以便容易调节其质量)。其操作方法如下:将一洁净干燥的容器放于电子分析天平秤盘中心,按 T 去皮键,至屏幕稳定显示 0.0000 g,然后小心缓慢地向容器中加试剂,直至天平屏幕上显示所需量为止。

3. 递减称量法(减量法)

此种称量法适用于连续称取几个试样,其量允许在一定范围内波动,也用于称取易吸湿、易氧化或易与二氧化碳反应的试样。由于称取试样的质量是由两次称量之差求得,故也称为差减法。

由于称量瓶和滴瓶都有磨口瓶塞,所以常用于称量较易吸潮、氧化、挥发的样品,称量瓶是减量法称量粉末状、颗粒状样品最常用的容器。称量瓶用前需要洗净烘干或自然晾干,称量时不可直接用手拿,应用纸条套住瓶身中部和瓶盖,用手指捏紧纸条进行操作,这样可避免手上的汗液和体温的影响,如图 3.2 左图所示。

具体的称量操作方法如下:将盛有样品的称量瓶置于电子分析天平秤盘的中心,待天平显示称量值后,短按 T 去皮键,至屏幕显示 0.0000 g。取出称量瓶,在盛接样品的容器上方打开瓶盖,并用瓶盖的下方轻敲称量瓶口的上沿或右上沿,使样品缓缓倾入容器(见图 3.2 右图)。当倾出的试样接近所需量(可从体积上估计或试重得知)时,再边敲瓶口边将瓶身扶正,盖好瓶盖后方可离开容器的上方。因为瓶口边沿处可能粘有样品,容易损失,务必在敲回样品并盖上瓶盖后再离开容器上口。将称量瓶再次放于秤盘中心,此时天平的显示屏上出现一个负数,此数值即为转移出的样品质量。如果一次倾出的样品质量未达到预设量,可再次倾倒样品,直至倾出样品的量满足要求后记录数值。若需连续称取第二份样品,可再按 T 去皮键,示零后重复上述操作。

图 3.2　称量操作

3.1.4　注意事项

① 电子天平在初次接通电源或者长时间断电后,至少需要预热 30 min,只有这样,天平才能达到所需要的工作温度,达到理想的测量结果。

② 实验完成时,按 ON/OFF 键关机。

③ 电子天平的自重比较轻,使用中很容易因碰撞而发生位移,进而造成水平的改变,在使用的过程中,动作要轻,特别是不能冲击量盘。

④ 使用后应及时清扫天平内外,定期用酒精或丙酮擦洗称盘及防风罩,保证玻璃门正常开关。

电子天平的使用视频

3.2　酸　度　计

3.2.1　基本原理

酸度计也称为 pH 计,一般用来测量溶液中 pH,也就是氢离子活度的负对数。

离子活度是指电解质溶液中参与电化学反应的离子的有效浓度。离子活度(a)和浓度(c)之间存在定量的关系,其表达式为

$$a = \gamma c$$

式中,a 为离子的活度;γ 为离子的活度系数;c 为离子的浓度。γ 通常小于 1,在溶液无限稀时离子间相互作用趋于零,此时活度系数趋于 1,活度等于溶液的实际浓度。

根据能斯特方程,离子活度与电极电位成正比,因此可对溶液建立起电极电位与活度的关

系曲线,此时测定了电位,即可确定离子活度,所以实际上是通过测量电位来计算氢离子活度:

$$E = E^{\ominus} + [RT/(nF)]\ln a$$

式中,E 为电位;$E^{\ominus}$ 为电极的标准电压;R 为气体常数;T 为开氏绝对温度;F 为法拉第常数;n 为被测离子的化合价;a 为离子活度。

　　酸度计用参比电极(通常采用饱和甘汞电极)和玻璃电极(或称氢离子指示电极)组成电池,测定电池电动势的大小,由仪器直接测出溶液的 pH。

　　目前使用的酸度计普遍配用 pH 复合电极,即把 pH 玻璃电极和外参比电极(一般用 Ag-AgCl 电极)以及外参比溶液一起装在一根电极管中,合为一体。pH 复合电极的结构主要由电极球泡、玻璃支持杆、内参比电极、内参比溶液、外壳、外参比电极、外参比溶液、液接界、电极帽、电极导线、插口等组成。

3.2.2　操作过程

　　酸度计是测定溶液 pH 的常用仪器,也可用于测定电池内的电动势,还可完成电位滴定及其氧化还原电对的电极电势的测量。测酸度时用 pH 挡,测电动势时用毫伏(mV)挡。

　　雷磁 PHSJ-3F 型酸度计(见图 3.3)的使用过程如下:

　　① 打开电源,预热 0.5 h。

　　② 用蒸馏水清洗电极和温度传感器,清洗后用滤纸和擦镜纸吸干(擦镜纸擦球泡位置)。

　　③ 将电极和温度传感器浸入 pH = 6.86 的缓冲溶液中,晃动试剂瓶,按"标定"键,等数据稳定按"确认"键。

　　④ 取出电极和温度传感器,用蒸馏水冲洗并吸干蒸馏水。

　　⑤ 将电极和温度传感器浸入 pH = 4.00(或 pH = 9.18)的标准缓冲溶液中,晃动试剂瓶,按"标定"键,等数据稳定按"确认"键。

　　⑥ 校准完成后,按"取消"键。

　　⑦ 取出电极和温度传感器,用蒸馏水清洗后吸干。

　　⑧ 将电极和温度传感器浸入待测液中,按"测量"键,待读数稳定后记录数据。

　　⑨ 测量结束后,用蒸馏水清洗电极和温度传感器,吸干后将电极浸入盛有 3 mol·L^{-1} KCl 溶液的电极套中,关闭仪器。

图 3.3　雷磁 PHSJ-3F 型酸度计

　　注意:标定的缓冲溶液第一次应用 pH = 6.86 的溶液,第二次应用接近被测溶液 pH 的缓冲液。如被测溶液为酸性,缓冲溶液应选 pH = 4.00;如被测溶液为碱性时,则选 pH = 9.18 的缓冲溶液。

雷磁 PHSJ-3F 型酸度计的使用视频

3.3　电　导　率　仪

3.3.1　基本原理

电解质溶液的导电能力常以电导 G 来表示。测量溶液电导的方法通常是将两个电极插入溶液中,测出两极间的电阻。根据欧姆定律,在温度一定时,两电极间的电阻 R 只与两电极间的距离 l 成正比,与电极的截面积 A 成反比,即

$$R = \rho \frac{l}{A}$$

电导是电阻的倒数:

$$G = \frac{1}{R} = \frac{1}{\rho} \frac{A}{l} = \kappa \frac{A}{l}$$

式中,κ 为电导率,它表示两电极距离为 1 m,平行电极面积各为 1 m^2 时电解质溶液的电导,单位为 $S \cdot m^{-1}$,也是一种表示导电能力的物理量。电解溶液中的电导率与电解质的种类、温度、溶液的浓度等均有关。

3.3.2　操作过程

电导率仪用于测量溶液的导电能力,对于电解质溶液来说,其导电能力和电解溶液的浓度成正比,因此也可以用电导率仪测量溶液的浓度。电导率仪的型号很多,雷磁 DDS-307 型电导率仪(见图 3.4)的使用过程如下:

① 用温度计测出被测溶液温度,调节电导率仪温度至溶液温度。

② 根据电极标签的电极示数调节电导率仪的"电极常数"和"常数",使其乘积等于电极示数(电极常数为 0.01、0.1、1.0、10 四种类型,常数数值根据电极示数通常设为 1 左右),按"确认"。

③ 用蒸馏水冲洗电极头部,再用被测溶液冲洗,然后将电极浸入溶液进行测量,记录数据。

④ 测量结束后,用蒸馏水冲洗电极,套上电极保护套。

图 3.4　雷磁 DDS-307 型电导率仪

雷磁 DDS-307 型电导率仪的使用视频

3.4　可见分光光度计

3.4.1　基本原理

分光光度计的基本工作原理是基于物质对光(对光的波长)的吸收具有选择性,当照射光的能量与分子中的价电子跃迁能级差相等时,该波长的光被吸收,吸光度与该物质的浓度、摩尔吸收系数及溶液厚度之间符合朗伯-比尔定律:

$$A = \varepsilon bc$$

式中,A 为吸光度;ε 为吸收系数;b 为溶液厚度;c 为溶液浓度

分光光度计虽然种类、型号较多,但都包括光源、色散系统、样品池及检测显示系统。光源所发出的光经色散装置分成单色光后通过样品池,利用检测装置来测量并显示光的被吸收程度。通常以钨灯作为可见光区光源,波长范围为 360~800 nm,紫外光区以氢灯作为光源。

3.4.2　操作过程

分光光度计是用于测量待测物质对光的吸收程度,并进行定性、定量分析的仪器。可见分光光度计是实验室常用的仪器,种类、型号较多,721G 分光光度计(见图 3.5)的使用过程如下:

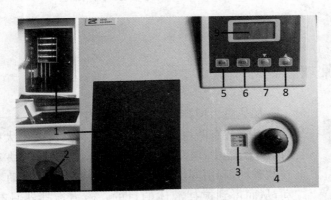

图 3.5　721G 分光光度计

1. 色皿暗盒;2. 比色皿座架拉杆;3. 波长读数表;4. 波长调节旋钮;5. MODE 键;
6. PRINT 键;7. 0%透光率调节旋钮;8. 100%透光率调节旋钮;9. 光度读数表

① 开启电源,指示灯亮,仪器预热 20 min,按"MODE"键选择 T。
② 调节波长调节旋钮,将所需波长调至刻度线上。
③ 打开比色皿暗盒盖(光门自动关闭),将参比液和装有溶液的比色皿放入比色架上。

④ 将参比溶液比色皿置于光路上,调节 0% 透光率旋钮,使数字显示为"0.00"。

⑤ 盖上样品室盖,调节 100% 透光率旋钮旋钮,使数字显示为"100"。

⑥ 按"MODE"键调整为吸光度(A)模式,轻轻拉动比色皿座架拉杆,将被测溶液放置在光路中,从光度读数表上直接读出被测溶液的吸光度值。

⑦ 实验结束后,关闭开关,切断电源,将比色皿取出、洗净,并将比色皿座架及暗盒用软纸擦干净。

3.4.3　注意事项

① 比色皿要用待测溶液润洗,盛装溶液时,约达比色皿 2/3 体积,不宜过多或过少。在测量不同浓度溶液的吸光度或透光度时,遵守从稀到浓的顺序。

② 持比色皿时,手指只能捏住比色皿的毛玻璃面,不要碰比色皿的透光面,以免沾污,也不可用滤纸等物摩擦比色皿的透光面。

721G 分光光度计的使用视频

3.5　加热磁力搅拌器

3.5.1　基本原理

图 3.6　加热磁力搅拌器

加热磁力搅拌器(见图 3.6)内部通常包含一个电动机,电动机的轴上安装有两块磁铁。工作时,将黏稠度不大的液体和搅拌子同时放于容器中,电动机通电并快速旋转时,两块磁铁会形成一个旋转的磁场,利用同性相斥异性相吸的原理,带动容器中的搅拌子转动,从而得到搅拌液体的目的。磁力搅拌器具有加热和搅拌的功能,可以加快反应速率,缩短反应时间。

3.5.2　操作过程

① 接通加热磁力搅拌器电源,打开搅拌器左侧边的开机按钮,随后温度及转速显示窗上将显示"off"字样,将装有液体和搅拌子的烧杯放于磁力搅拌器上。

② 设置加热温度：点击调节温度旋钮（左侧），待温度显示窗上由"off"字样变成"on"字样后，调节加温旋钮，设置所需温度，设定温度和实际温度将交替在屏幕上显示，直至实际温度达到设定值。

③ 设置转速：点击调速旋钮（右侧），待转速显示窗上由"off"字样变成"on"字样后，调节调速旋钮设置所需转速，开始搅拌液体。

④ 加热盘面最高加热温度可设置为 310 ℃，最高搅拌转速可设置为 1500 r/min。若使用过程中需暂停加热或搅拌，可点击相应旋钮，即可暂停加热或搅拌。

⑤ 使用完仪器，关机顺序为：先点击加温旋钮和调速旋钮，再关闭搅拌器左侧边的开机按钮，最后断开仪器电源，保持仪器清洁干燥。

3.5.3　注意事项

注意事项如下：

① 烧杯外壁保持干燥，且观察无裂痕后放到磁力搅拌器上。

② 液体加热需放入磁子，调节合适的转速，保证液体不外溅。

③ 电源线远离加热面板，注意用电安全。

加热磁力搅拌器的使用视频

3.6　电热恒温水浴锅

3.6.1　基本原理

电热恒温水浴锅用于蒸发和恒温加热，是常用的电热设备。水浴锅包括水浴漕和电器箱两个主要组成部分。水浴槽是带有保温夹层的水槽，槽底隔板下装有电热管及感温管，提供热量和传感水温。电器箱面板上装有工作指示灯、调温按钮和电源开关等。

3.6.2　操作过程

电热恒温水浴锅的水浴加热和普通水浴相同。使用时，先往电热恒温水浴锅内注入清洁的水到适当的深度，然后接通电源，开启电源开关后红灯亮表示电热管开始工作。调节温度按钮到适当的位置,待水温升至预设温度。

3.6.3 注意事项

注意事项如下:

① 必须要先加水再通电;水位不能低于电热管。

② 电器箱不能受潮,以防漏电损坏。

③ 水浴恒温的试样不要散落在电热恒温水浴锅内。如果不小心洒入,要立即停电,及时清洗,以免腐蚀。较长时间不用水浴锅要倒掉槽内的水。用干净的布擦干后保存。

④ 水槽有渗漏要及时维修。

3.7 循环水真空泵

3.7.1 基本原理

循环水真空泵是以循环水作为工作介质,利用射流产生负压的原理而设计的一种新型多用真空泵,为化学实验室提供真空条件,并能向反应装置提供循环冷却水,普通化学实验中主要用于减压过滤。SHB-Ⅲ型系列循环水式多用真空泵(见图 3.7)主要由电机(提供动力)、离心水泵(提供高压水流)、喷射泵(提供真空)、真空表(提供真空指示)、水箱(提供水源)、循环管路等部分组成,单口抽气量设计为 10 L/min。循环水泵的排水管、溢水口、循环水出、入口,循环水开关等都在水泵的背面。

图 3.7 循环水式多用真空泵

3.7.2　操作过程

循环水真空泵的操作过程如下：

① 将循环水真空泵平放于工作台上，首次使用时应打开水箱盖注入清洁的凉水（亦可由防水软管加水），当水面即将升至水箱溢水口时停止加水。

② 将准备好的抽滤瓶抽气管紧密套接于真空泵的抽气口上。

③ 关闭后面板上的循环开关，接通电源，打开电源开关，通过与抽气口对应的真空表可观察真空度，如果真空表指示真空度约 0.1 MPa，表示水泵工作正常，可以使用。

④ 拔下抽气套管，关闭电源。两个同学同时使用一台循环水真空泵时，要注意协调，防止倒吸；

⑤ 长时间连续工作时，水箱内的水温将会升高，影响真空度，不能满足实验减压的需要，可以适当的在水箱中加冰冷却，多余的水可从溢水口排出。

⑥ 当需要为反应装置提供冷却循环水时，在前面第 3 条操作的基础上，将需要冷却的装置进水、出水管分别连接到本机后部的循环水出水口、进水口上，转动循环水开关至 ON 位置，即可实现循环冷却水供应。

3.7.3　注意事项

注意事项如下：

① 水源：重复开机可不再加水，但是每星期至少更换一次水，如水质污染严重，使用率高，则需缩短更换水的时间，保持水箱中的水质清洁。

② 水位检查：开启水泵前，一定检查水箱中的存水是否达到水位要求，未达到要求不能开启水泵，以免损坏离心泵叶轮。

3.8　烘　　箱

烘箱用于烘干成批量的玻璃仪器和无腐蚀性且热稳定性好的药品，如变色硅胶等。一般烘箱都具有鼓风和自动控温的功能。

当用于烘干玻璃仪器时，先将仪器用清水洗净沥干，开口向上放入烘箱，接通电源，将自动控温旋钮调至约 110 ℃。为了加快烘干，可启动烘箱内鼓风机。若仪器对干燥程度要求较高，可在冷至 100 ℃ 左右时取出置干燥器中冷却。

用有机溶剂洗净的仪器不可在烘箱中烘，以免发生危险。当一批仪器快要烘干时，不要再放入湿仪器，否则会使已烘干的仪器重新吸收水汽，或在热烫的仪器上滴上冷水珠而造成仪器炸裂。

第4章 实验数据处理

普通化学实验不仅开设性质实验、分离提纯实验、合成实验,还进行了常数测定、组成分析、成分含量测定等定量实验,涉及了误差理论和数据处理,我们仅针对普通化学实验中常见的有关问题及处理方法介绍一些基础知识,帮助学生树立正确的误差及有效数字概念,掌握分析和处理实验数据的科学方法。

4.1 准确度和精密度

准确度和精密度具有不同的概念,是衡量实验结果好坏的两个重要标志。准确度表示测量值与真实值的接近程度,准确度越高,则表示测定结果与真实值之间的差值越小。一般情况下,真实值很难通过测量得到,常将以下的值当作真值处理。例如一些通过纯物质或者基准物按照化学式理论计算得到的理论真值;相对原子质量、物质的量等国际计量大会公认的计量学约定真值;通过标样局提供的样品获得的相对真值等。

精密度表示几次平行测定结果之间的相互接近程度,如果几次实验测定值彼此比较接近,就说明测定结果的精密度高;如果实验测定值彼此相差很多,则测定结果的精密度就很低。精密度是保证准确度的先决条件,精密度高不一定准确度高,但精密度低的准确度基本不可信,所以学生进行实验时,一定要严格控制条件,认真仔细地操作,以得出精密度高的数据才有可能获得准确度高的可靠结果。

4.2 误　　差

4.2.1 误差的概念

准确度的高低常用误差表示,误差即实验测定值与真实值的差值。误差越小,表示测定值与真实值越接近,准确度越高。误差的表示方法有两种,即绝对误差与相对误差。

绝对误差是指实验测定值与真值的差,公式如下:

$$E = x - \mu$$

相对误差有时用百分数来表示,称为百分误差,公式如下:

$$RE = \frac{x - \mu}{\mu} \times 100$$

式中，E 为绝对误差；RE 为相对误差；x 为测定值；μ 为真值。

4.2.2　误差的原因

引起误差的原因有很多，测量中的误差按其来源和性质可分为系统误差和偶然误差。

系统误差是由某种固定的原因造成，如仪器和试剂误差（如仪器不够精确、试剂不纯）；方法误差（如测定方法不够完善）、人员误差（如操作者不良的习惯性操作）等。系统误差的绝对值和符号总保持恒定，理论上系统误差的大小、正负是可以测定的，所以系统误差又称为可测误差。系统误差有重复出现的性质，采用多次测量无法消除这种误差，只能发现原因后尽量加以克服。

偶然误差是由某些难以控制且无法避免的偶然因素造成的，例如外界条件（温度、湿度、气压等）的随机扰动（瞬间微小变化）；分析人员对各份试样处理时的微小差别等。由于偶然误差是由实验过程中一系列随机性因素引起的，其大小和正负不定，无法测量且不可避免。偶然误差对测量结果的影响通常遵守统计和概率理论，因此能用数理统计与概率论方法来处理。

除了系统误差和偶然误差外，在实验过程中可能由于疏忽或差错会引起事实显然不符的过失误差。恰当地说，所谓过失误差完全不是误差，而是错误。一旦发生不允许的过失，只能重做实验，测量值不可纳入平均值的计算中。过失误差无规律可循，但只要实验仔细，操作规范，是可以避免的。

4.3　有　效　数　字

在定量分析中，分析结果不仅表达待测组分的含量，同时反应了测量的准确程度。因此，在实验数据记录和结果的计算中，保留几位数字是根据测量仪器、分析方法的准确度决定的，这就涉及有效数字的概念。

有效数字是指在分析工作中实际能测量到的数字，包括通过直读获得的可靠数字和通过估读得到的存疑数字（有效数字中只有最后一位数可疑）。有效数字不仅表示测量值的大小，同时反应测量的准确程度。在测量准确度的范围内，有效数字位数越多，表示测量越准确，但超过测量准确度的范围，过多位数是错误的。

确定有效数字位数时应遵循以下几条原则：

① 0 在数字中是否为有效数字，与 0 在数字中的位置有关。

0 在数字后或在数字中间，都表示一定的数值，都是有效数字；0 在数字之前，只表示小数点的位置（仅起定位作用）。

例如：2.0060 是五位有效数字，0.0060 则是两位有效数字。

② 对于很大或很小的数字，如 360000 或 0.000036，用指数表示法更简便，写成 3.6×10^5 和 3.6×10^{-5}。

像 360000 这样的数字,有效数字不好确定,这时只能按照实际测量的精确程度来确定,如上面 3.6×10^5 的写法是两位有效数字,三位写成 3.60×10^5,其中 10 不是有效数字。

③ 首位数字>8 的数据运算时,其有效数字的位数可多算一位,如 9.59 可看成四位有效数字;

④ 在化学计算中常有表示倍数关系的数字以及常数等,这些数字非测量所得,因此可以认为其有效数字位数无限制。

⑤ 对于 pH、pM、lg K 等对数值,其有效数字位数取决于小数部分数字的位数,因整数部分只代表该数的方次。例如,pH = 10.28,有效数字是两位而不是四位。

4.3.1　有效数字的修约规则

数据处理过程中,各测量值的有效数字位数可能不同,需要按照一定的规则确定各测量值的有效数字位数,并将有些测量值多余的数字舍去,舍弃多余数字的过程称为数字修约,按照国家标准采用"四舍六入五成双"规则。

当有效数字后面第一位数字为 5,而 5 之后的数不全为 0,则在 5 的前一位数字上增加 1;若 5 之后的数字全为 0,而 5 的前一位数字又是奇数,则在 5 的前一位数字上增加 1;若 5 之后的数字全为 0,而 5 的前一位数字又是偶数,则舍去不计。

数字修约时,只允许对原测量值一次修约到所要求的位数,不能分几次修约。

4.3.2　有效数字的运算规则

不同位数的有效数字进行运算时,所得结果应保留几位有效数字与运算类型相关。

1. 加减法

在计算几个数字相加或相减时,所得和或差的有效数字的位数,应以小数点后位数最少的数为准,其根据是小数点后位数最少的那个数绝对误差最大。

例如:将 12.71、1.252 及 2.7 三数相加时,以小数点后位数最少的 2.7 的绝对误差最大,所以有效数字位数以其为准,根据四舍六入五成双的修约规则,先修约再计算,12.7 + 1.3 + 2.7 = 16.7,所以最终得到的结果为 16.7。

2. 乘除法

几个数据相乘除时,所得积或商有效数字的位数与各数中有效数字位数最少的数据相关,而与小数点后的位数无关,其根据是有效数字位数最少的那个数相对误差最大。

例如:$6.581 \times 3.33 \div 111.3 = 0.197$,应取 0.197。在进行加减乘除运算的时候,也可只以有效数字位数最少的数为准,先修约再运算。运算过程中,各数据可以暂时多保留 1 位有效数字,而最后结果应取运算规则所允许的位数。

在运算中,特别是乘除运算中,常会遇到第一位有效数字为 8 或 9 的数据,可将其有效数字的位数多算一位,如 8.12、0.939 等,通常将它们当作四位有效数字来处理。

3. 乘方、开方运算规则

乘方、开方运算中,有效数字位数与其底数相同。

4.4　数据处理方法

数据处理是指从获得原始实验数据到对实验数据结果进行加工的过程,包括记录、整理、计算、分析等处理方法。正确处理实验数据是实验能力的基本训练之一。普通化学实验的数据处理方法比较简单,根据不同的实验内容、不同的要求,可采用不同的数据处理方法。常用的主要是列表法和作图法。

4.4.1　列表法

实验完成后,所测数据可以与数据名称一一对应、整齐且有规律地列于表中,使得所有数据一目了然,便于查对和比较,这种方法是列表法。列表时应注意以下几点:

① 每个表格应有简明达意的标明和标注,提供必要的说明和参数,包括主要测量仪器的规格,比如型号、量程;有关的环境参数,如温度、湿度等;引用的常量和物理量等。

② 每个数据与数据名称、单位应对应统一,行列整齐,一目了然。

③ 表中所列的数据应为纯数,因此表的栏头用数据名称的常用量符号除以单位的符号,例如:m/g、V/cm^3 等,其中常用量的符号用斜体字,单位的符号用正体字。为避免正、斜体混乱,有时常用量用汉字表示,例如:质量(g)、浓度($mol \cdot L^{-1}$)。

④ 原始数据和处理结果均可列于表中,表中应预留相应的格位标明处理方法和计算公式。

列表法是最基本的数据处理方法,一个好的数据处理表格,能够清楚明了地展现实验结果,因此需要学生实验预习时根据实验所需认真巧妙地设计表格。

4.4.2　作图法

把测得的一系列相互对应的数据及变化的情况用图形表示出来,这就是作图法。图表可以直观显示出数据的相互关系以及关系曲线的极值、拐点、突变等特征;具有多次测量取平均的效果,并有助于发现测量中的个别错误数据。

图表法比文字描述更加形象直观,使实验中各常用量间的关系一目了然,所以学生需善用图表。

作图法需注意以下事项:

1. 坐标纸、比例尺要选择恰当

普通化学实验中多使用直角坐标纸作图,通常横轴代表自变量,纵轴代表因变量,在坐标轴上标明所代表常用量的名称和单位,坐标轴交点的标度值不一定是零,选择原点的标度值来调整图形的位置,使曲线不偏于坐标的一边或一角。

横轴和纵轴的标度比例可以不同,选择适当的分度比例来调整图形的大小,使图形充满坐标纸,且分度比例要便于换算和描点,如1、2、5,切忌3、9。

2. 描点和连线

根据测量数据,用削尖的铅笔在坐标图纸上用"+"或"×"标出各测量点,使各测量数据坐落在+或×的交叉点上。同一图上中不同组的测量值应当用不同的符号表示,如×、+、⊙、△、□等。

根据实验数据标出各点后,用透明的直尺或曲线板把数据点连成直线或光滑曲线。连线应反映出两常用量关系的变化趋势,曲线不必通过每一个数据点,但应使在曲线两旁的点有较匀称的分布,使曲线有取平均的作用。如果有的点偏离太大,则可能该点测量误差较大,连曲线时可不考虑。

3. 图名与标注

在图上空旷位置,写出完整的图名、绘制人姓名及绘制日期。

此外,随着计算机的普遍应用,列表和作图也可以通过一些常用的数据处理软件来完成。如 Excel 软件,Excel 具有强大的绘制表格、绘制图表及数据计算功能。另一款常用的数据处理软件是 Origin 软件,Origin 是在 Windows 平台下用于数学分析和工程绘图的软件,功能强大,应用广泛。Excel 软件和 Origin 软件均简单易学,普通化学实验的大部分实验数据都可以使用这两款软件进行处理。

第5章 基础实验

实验 1 硫酸亚铁铵的制备

1 实验目的

① 了解复盐的特性,掌握复盐的制备方法。
② 练习水浴加热操作,巩固称量、减压过滤操作。

2 实验原理

硫酸亚铁铵也叫莫尔盐,分子式为$(NH_4)_2SO_4 \cdot FeSO_4 \cdot 6H_2O$,它是由$(NH_4)_2SO_4$与$FeSO_4$按$1:1$结合而成的复盐。其溶解度比组成它的每一个组分小(见表5.1),因此可优先从混合溶液中析出。

表 5.1　硫酸亚铁、硫酸铵、硫酸亚铁铵的溶解度(g/100 g水)

$T(℃)$	0	10	20	30	40	50
$FeSO_4 \cdot 7H_2O$	15.6	20.5	26.5	32.9	40.2	48.6
$(NH_4)_2SO_4$	70.6	73.0	75.4	78.0	81.0	84.5
$(NH_4)_2SO_4 \cdot FeSO_4 \cdot 6H_2O$	12.5	17.2	21.6	28.1	33.0	40.0

莫尔盐为浅绿色单斜晶体,易溶于水,难溶于乙醇。在空气中比一般的亚铁盐稳定,不易被氧化,在定量分析中常用于配制Fe^{2+}的标准溶液。

本实验先通过铁屑与稀硫酸反应制得硫酸亚铁,反应方程式如下:

$$Fe + H_2SO_4(稀) \xrightarrow{\quad\quad} FeSO_4 + H_2 \uparrow$$

往硫酸亚铁溶液中加入硫酸铵,冷却结晶,可得到硫酸亚铁铵晶体,反应方程式如下:

$$FeSO_4 + (NH_4)_2SO_4 + 6H_2O \xrightarrow{\quad\quad} (NH_4)_2SO_4 \cdot FeSO_4 \cdot 6H_2O$$

3　实验物品

(1) 仪器

烧杯 (50 mL、100 mL),锥形瓶 (150 mL),量筒 (50 mL),水浴锅,表面皿,布氏漏斗,抽滤瓶,循环水泵。

(2) 试剂

铁屑,饱和 Na_2CO_3 溶液,$(NH_4)_2SO_4(s)$,H_2SO_4 (3 mol · L^{-1})。

(3) 材料

pH 试纸。

4　实验步骤

(1) 铁屑的净化

称取 4 g 铁屑于 50 mL 烧杯中,加入适量饱和 Na_2CO_3 溶液,小火加热 3~4 min。倾析法除去碱液,并用蒸馏水将铁屑洗净。

(2) 硫酸亚铁的制备

将洗净的铁屑转移至 150 mL 锥形瓶中,加入 25 mL 3 mol · L^{-1} 的 H_2SO_4[a]①,记下液面位置。将锥形瓶置于 65 ℃ 水浴中,加热搅拌直至溶液中仅产生少量气泡为止(约 40 min)。反应过程中应适量补充水,同时应控制溶液 pH 小于 3。趁热减压过滤,用 5 mL 热蒸馏水洗残渣。将残渣用滤纸吸干后称量,计算已反应的铁屑用量和生成的硫酸亚铁质量。

(3) 硫酸亚铁铵的制备

根据步骤(2)中生成的硫酸亚铁质量,计算所需的 $(NH_4)_2SO_4$ 用量,并将其加入盛有硫酸亚铁溶液的 100 mL 烧杯中,补充蒸馏水使溶液总体积约为 40 mL。水浴加热、搅拌,使 $(NH_4)_2SO_4$ 固体完全溶解[b]。静置溶液,自然冷却,析晶。减压抽滤,用少量无水乙醇洗涤晶体,观察晶体颜色、晶形,称重,计算产率。

5　注意事项

[a]　铁屑中含有 As、P、S 等杂质,与稀 H_2SO_4 反应后会产生有毒气体 AsH_3、PH_3、H_2S,因此需在通风橱进行操作。

[b]　水浴温度勿高于 60 ℃。

6　思考题

① 为什么硫酸亚铁和硫酸亚铁铵溶液都要保证较强的酸性?

---

① 本书中,[a]、[b]、[c]…与"注意事项"部分编号相对应。

② 铁屑中含有的铁锈是否会对莫尔盐的制备产生影响? 如何控制反应条件? 配制硫酸亚铁铵溶液时为何要用不含氧的蒸馏水? 如何制备?

实验 2　硫代硫酸钠的制备

1　实验目的

① 学习硫代硫酸钠的制备原理和方法。
② 学习电磁加热搅拌器的操作方法;巩固练习常压过滤、蒸发、浓缩、冷却结晶、减压过滤等基本操作。

2　实验原理

硫粉与亚硫酸钠溶液在沸腾条件下,发生化合反应,直接合成硫代硫酸钠;反应液经过滤、蒸发浓缩、常温冷却,析出为 $Na_2S_2O_3 \cdot 5H_2O$ 晶体。

$$Na_2SO_3 + S \xrightarrow{\triangle} Na_2S_2O_3$$
$$Na_2S_2O_3 + 5H_2O \longrightarrow Na_2S_2O_3 \cdot 5H_2O$$

3　实验物品

(1) 仪器
电子天平,短颈漏斗,漏斗架,抽滤瓶,布氏漏斗,循环水泵,烘箱,磁力加热搅拌器,烧杯(100 mL),表面皿,玻璃棒,量筒。
(2) 试剂
硫粉(s),无水亚硫酸钠(s),乙醇(95%)。

4　实验步骤

(1) 反应
称取 2 g 硫粉,研碎后置于 100 mL 烧杯中,用 1 mL 乙醇润湿,搅拌均匀。再加入 6 g Na_2SO_3 和 30 mL 蒸馏水,放入磁子,置于磁力加热搅拌器上,调好转速,用表面皿覆盖烧杯。
加热溶液至沸腾后,降低温度保持微沸并继续不断搅拌至 40～60 min[a],直至少量硫粉漂浮于液面上。
(2) 过滤与析晶
反应结束后,趁热过滤[b],弃去杂质。滤液用 100 mL 烧杯搅拌蒸发浓缩至微黄色浑浊,停止加热蒸发[c]。在烧杯里或转移到大表面皿上冷却至室温后,即有大量硫代硫酸钠晶体析出[d]。

(3) 抽滤与称重

待晶体析出后,减压抽滤,即得硫代硫酸钠结晶,抽干称重,计算产率。

5 注意事项

[a] 微沸时若体积小于 20 mL,应及时补充水至 20~25 mL,同时注意将烧杯壁及表面皿上的硫粉淋洗进反应液中。

[b] 需提前预热短颈漏斗,趁热过滤时操作要迅速流畅,避免温度降低导致晶体析出。

[c] 实验过程中,浓缩液终点不易观察,根据溶液黏稠状确定,浓缩过度,易使晶体黏附于烧杯里难以取出,注意补水或者搅动。

[d] 若放置一段时间仍没有晶体析出,可能是形成过饱和溶液或蒸发浓缩不够,可采用下面方法使晶体析出:

① 摩擦器壁,破坏过饱和状态。

② 必要时加一粒硫代硫酸钠晶体引种。

③ 放入冰箱冷藏室或冰水浴中冷却结晶。

④ 放入烘箱蒸发部分水分后冷却结晶。

⑤ 将浓缩液缓慢加入到乙醇中,快速析晶。

6 思考题

① 如蒸发浓缩过分,将发生什么情况?

② 如空气中湿度过大,将发生什么情况?

硫代硫酸钠的制备实验视频

实验 3 阿司匹林的制备

1 实验目的

① 了解酰化反应的原理,掌握阿司匹林的制备方法。

② 学习重结晶方法之一——溶剂极性调整。

2 实验原理

本实验采用水杨酸和乙酸酐在浓磷酸催化下发生酰基化反应来制取。

3 实验物品

(1) 仪器

电子天平,铁架台,铁夹,磨口锥形瓶,球形冷凝管,橡胶管,抽滤装置,吸量管(5 mL),量筒(10 mL)。

(2) 试剂

水杨酸 (s),乙酸酐(密度 1.08 g·mL^{-1}),乙醇(95%),浓磷酸。

4 实验步骤

(1) 反应与结晶

称取 2.67 g 水杨酸置于 50 mL 磨口锥形瓶中,用吸量管加入 4.75 mL 乙酸酐,再滴加 5~7 滴浓磷酸,小心振摇均匀,放入磁子,装上球形冷凝管并通入冷却水在 80 ℃ 水浴中[a,b]搅拌加热,同时保温 15 min。

取下锥形瓶,取出磁子,边摇边滴加 1 mL 冷蒸馏水,然后快速加入 20 mL 冷蒸馏水,立即用冰水浴冷却[c]。待晶体完全析出后用布氏漏斗抽滤,用冰蒸馏水洗涤锥形瓶后,再洗涤晶体 2~3 次,抽干。

(2) 重结晶与称重

将得到的晶体放入原磨口锥形瓶中,加入 10 mL 95% 乙醇,放入水浴中加热搅拌。待全部晶体溶解后,边滴加冷蒸馏水边振摇锥形瓶,至沉淀析出不溶解为止,再补加 2 mL 冷蒸馏水。

将锥形瓶放入冰水浴中至晶体析出完全后抽滤,用少量冰蒸馏水洗涤晶体 2~3 次,抽干,取出晶体,用滤纸压干,移入干的小烧杯中,于 80 ℃ 干燥箱中干燥 40 min 后,冷却称重。

5 注意事项

[a] 控制好酰化反应的反应温度,否则增加副产物的生成。

[b] 酰化反应要防止蒸汽冲出,使用球形冷凝管,防止乙酸酐挥发。

[c] 注意冰水浴时勿碰倒锥形瓶。

6 思考题

为什么不能蒸发浓缩得到产品?

7 拓展内容

阿司匹林是医药史上三大经典药物(即青霉素、阿司匹林和安定)之一,至今应用已超百年,目前仍是世界上应用最广泛的解热、镇痛和抗炎药,也是作为评价其他药物的标准制剂。直至如今,对阿司匹林的作用领域仍在不断拓展,尤其在癌症和阿尔茨海默症方面表现出了巨大的潜力,是医药界当之无愧的神药之一。[1]

阿司匹林的"前身"——水杨苷最早是从柳树皮中分离提取出来的。与此类似,抗疟疾神药——青蒿素的发明也是源自天然植物,是由屠呦呦先生及其团队从大量中医古籍中发现青蒿的药用价值,然后从青蒿中分离提取出来的有效成分,开创了疟疾治疗的新方法,使全球数亿人受益,挽救了几百万人的生命。屠呦呦先生也因此获得了2015年的诺贝尔生理学或医学奖,她在获奖感言中称"青蒿素是传统中医药献给世界的礼物"。[2]中医药文化博大精深,是中华民族传统文化不可或缺的重要组成元素。坚定中医药文化自信,传承精华,守正创新,更有力度地为健康中国助力,为全球卫生治理贡献"中国处方"。

费利克斯·霍夫曼是公认的发明阿司匹林的人,他被称为化学界的"魔鬼与天使"。他通过结构修饰将水杨酸的酚羟基乙酰化,得到了阿司匹林。几乎与此同时,他还用同样的乙酰化方法给镇痛药吗啡修饰上了两个乙酰基,得到的二乙酰化吗啡,也就是毒品——海洛因。科学研究是把双刃剑,没有约束的实验具有潜在的社会危害性,而科技伦理则是科学研究通达向善的路标,在发展科技的同时,应注意道德伦理,评估对社会造成的影响。[2]

参考文献

[1] 蒋卫华,周永生,滕巧巧.渐进式教学模式在实验课程思政教学中的实践与探讨:以有机化学实验"阿司匹林的合成"为例[J].大学化学,2023,38(7):1-6.
[2] 徐孝菲,李宁,陈晨,等.普通化学实验课程体系思政建设[J].大学化学,2023,38(5):61-66.

阿司匹林的制备实验视频

实验 4　硝酸钾的制备及提纯

1　实验目的

① 了解转化法制备硝酸钾的原理和步骤。

② 掌握热过滤、蒸发浓缩、结晶、重结晶的一般原理和操作方法。

2　实验原理

在无机盐类的制备中,难溶盐的制备较为容易,而可溶性盐的制备则可根据不同盐类的溶解度差异以及温度对物质溶解度影响的不同来进行。本实验以 $NaNO_3$ 和 KCl 为原料,通过转化法制备 KNO_3。

$$NaNO_3 + KCl \rightleftharpoons NaCl + KNO_3$$

该反应可逆,理论上无法利用其制取较纯净的 KNO_3 晶体。但实际上,由于反应体系中四种盐在不同温度下具有不同的溶解度,因此可以通过控制反应条件,最终制备和提纯 KNO_3。四种盐在不同温度下的溶解度(g/100 g 水)见表 5.2。

表 5.2　KNO_3、KCl、$NaNO_3$、NaCl 在不同温度下的溶解度 (g/100 g 水)

$T/℃$	0	10	20	30	40	60	80	100
KNO_3	13.3	29.9	31.6	45.8	63.0	110.9	160.0	246.0
KCl	27.6	31.0	34.0	37.0	40.0	45.5	51.1	56.7
$NaNO_3$	73.0	80.0	88.0	96.0	104.0	124.0	148.0	180.0
NaCl	35.7	35.8	36.0	36.6	36.6	37.3	38.4	39.8

室温时,除 $NaNO_3$ 外,其他 3 种盐的溶解度都相近,随温度升高,KNO_3 溶解度急剧增大,而 NaCl 溶解度几乎不变,可将 $NaNO_3$ 和 KCl 的混合溶液加热,使 NaCl 结晶析出实现产物分离。

当结晶 NaCl 后的溶液逐步冷却时,KNO_3 又可结晶析出,从而得到 KNO_3 粗品。粗品中混有可溶性盐的杂质,可采取重结晶的方法提纯。

3　实验物品

(1) 仪器

电子天平,烧杯 (50 mL),量筒 (25 mL),布氏漏斗,抽滤瓶,蒸发皿,试管,循环水泵。

（2）试剂

$NaNO_3$（s），KCl（s），饱和 KNO_3 溶液，$AgNO_3$（0.1 mol·L^{-1}）。

4　实验步骤

（1）KNO_3 粗产品的制备

称取 8.5 g $NaNO_3$ 和 7.5 g KCl 于 50 mL 烧杯中，加入 15 mL 蒸馏水，记下液面位置。小火加热，使固体完全溶解。继续加热蒸发至原体积的 2/3，有晶体 A 逐渐析出。趁热过滤，滤液中有晶体 B 析出。

另取 8 mL 蒸馏水加入滤液，使晶体 B 重新溶解，并将溶液转移至烧杯中，继续蒸发浓缩至原体积的 2/3。静置，冷却，待结晶重新析出，再进行减压过滤。用饱和 KNO_3 溶液洗涤晶体，抽干、称量、计算产率。

（2）KNO_3 的提纯

KNO_3 粗品通过重结晶法提纯。保留 0.5 g KNO_3 粗品供纯度检验，将其余产品按照 m_{KNO_3}：m_{H_2O} = 2：1 的比例溶于蒸馏水。加热搅拌至溶解即停止加热，冷却至室温后抽滤，并用少量饱和 KNO_3 溶液洗涤晶体。称量、计算纯度。

（3）产品纯度的检验

分别称取 0.1 g KNO_3 粗品和重结晶产品于两个试管中，各加入 2 mL 蒸馏水溶解。在溶液中分别加入 2 滴 0.1 mol·L^{-1} $AgNO_3$ 溶液，观察现象，比较粗品、重结晶产品的纯度。

5　实验结果

参考表 5.3，记录并整理实验数据。

表 5.3　数据记录与整理

NaNO₃ 质量（g）		KNO₃ 用于提纯的质量(g)	
KCl 质量（g）		提纯后 KNO₃ 的质量(g)	
KNO₃ 质量（g）			
产率		纯度	
	粗产品		重结晶产品
质量(g)			
现象			

6　思考题

① KNO_3 粗产品制备步骤中的晶体 A 和晶体 B 分别为何种物质？

② 制备 KNO_3 过程中，为何每次都要蒸发浓缩至原体积的 2/3？蒸发过多或过少对实验

结果有何影响?

③ 从有关化学手册中查出 NH_4NO_3 和 KCl 的溶解度数据,设计出以 NH_4NO_3 和 KCl 为原料,制备 KNO_3 的简要方案。

实验 5 粗食盐的提纯

1 实验目的

① 了解并掌握粗食盐提纯的原理和方法。
② 练习加热、过滤、蒸发、结晶、干燥等基本操作。
③ 了解 SO_4^{2-} 、Ca^{2+} 、Mg^{2+} 等离子的定性鉴定方法。

2 实验原理

氯化钠试剂和氯碱工业的食盐水都以粗食盐为原料进行提纯。粗食盐中常含有泥沙等不溶性杂质和 Ca^{2+} 、Mg^{2+} 、K^+ 、SO_4^{2-} 等可溶性杂质。不溶性杂质可采用过滤法除去,可溶性杂质可选择适当的试剂使其转化为难溶物除去。一般是先往食盐溶液中加入 $BaCl_2$ 溶液,除去 SO_4^{2-} :

$$Ba^{2+} + SO_4^{2-} =\!=\!= BaSO_4 \downarrow$$

然后在溶液中加入饱和 Na_2CO_3 和 NaOH 的混合溶液,除去 Ca^{2+} 、Mg^{2+} 和过量的 Ba^{2+} :

$$Ca^{2+} + CO_3^{2-} =\!=\!= CaCO_3 \downarrow$$
$$2Mg^{2+} + 2OH^- + CO_3^{2-} =\!=\!= Mg_2(OH)_2CO_3 \downarrow$$
$$Ba^{2+} + CO_3^{2-} =\!=\!= BaCO_3 \downarrow$$

溶液中过量的 NaOH 和 Na_2CO_3 用盐酸中和。最后,利用 KCl 的溶解度比 NaCl 大而含量又少的特点,将溶液蒸发浓缩,则 NaCl 先结晶析出,KCl 留在母液中,从而达到提纯目的。KCl 和 NaCl 的溶解度见表 5.4。

表 5.4 KCl 和 NaCl 的溶解度(g/100 g 水)

$T/℃$	10	20	30	40	50	60	80	100
KCl	25.8	34.2	37.2	40.1	42.9	45.8	51.3	56.3
NaCl	35.7	35.8	36.0	36.2	36.7	37.1	38.0	39.2

3　实验物品

(1) 仪器

电子天平,烧杯 (100 mL),量筒 (25 mL、50 mL),锥形瓶 (250 mL),量筒 (50 mL),布氏漏斗,抽滤瓶,蒸发皿,表面皿,试管,循环水泵。

(2) 试剂

粗食盐,$BaCl_2$ (1 mol·L^{-1}),饱和 Na_2CO_3 溶液,HCl (1 mol·L^{-1}),NaOH (6 mol·L^{-1}),HAc (6 mol·L^{-1}),饱和 $(NH_4)_2C_2O_4$ 溶液,镁试剂 I[①]。

(3) 材料

pH 试纸。

4　实验步骤

(1) 溶解

称取 5 g 粗食盐于 100 mL 烧杯中,加入 20 mL 蒸馏水,加热搅拌使其溶解,溶液中少量不溶性杂质留待下一步过滤时一并除去。

(2) 除杂

① 除 SO_4^{2-}:溶液加热至近沸,搅拌下滴加 1 mol·L^{-1} 的 $BaCl_2$ 溶液至沉淀完全。移除加热装置,待沉降后往上层清液中滴加 1~2 滴 1 mol·L^{-1} 的 $BaCl_2$ 溶液,检验溶液是否出现浑浊。沉淀完全后继续加热煮沸数分钟,抽滤,弃去沉淀。

② 除 Ca^{2+}、Mg^{2+} 和过量 Ba^{2+}:搅拌下往所得滤液中逐滴加入饱和 Na_2CO_3 和 NaOH 的混合溶液($V_{Na_2CO_3}$:V_{NaOH} = 1:1)至溶液 pH 为 11 左右。待沉降后,在上层清液中滴加几滴 Na_2CO_3 和 NaOH 的混合液,检验溶液是否出现浑浊。沉淀完全后继续加热煮沸数分钟,抽滤,弃去沉淀。

③ 除过量 CO_3^{2-}:搅拌下往所得滤液中滴加 6 mol·L^{-1} 的 HCl 溶液,调节溶液的 pH 为 4~5。

(3) 蒸发、干燥

将溶液转移至蒸发皿中,蒸发浓缩至糊状,减压抽滤。将 NaCl 晶体转移至蒸发皿中烘干,冷却称重,计算产率。

(4) 产品纯度定性检验

为比较提纯产品、原料以及分析纯氯化钠的杂质含量,称取提纯后的产品、原料和分析纯氯化钠各 1 g,分别溶于 5 mL 蒸馏水,然后分别转移至 3 支小试管中分成三组,对照定性检验

---

① 镁试剂 I:对硝基苯偶氮间苯二酚 $\left(\text{O}_2\text{N}-\text{C}_6\text{H}_4-\text{N}=\text{N}-\text{C}_6\text{H}_3(\text{OH})_2\right)$,俗称镁试剂 I,在碱性环境下呈红色或红紫色,被 $Mg(OH)_2$ 吸附后呈天蓝色。

产品的纯度。

① SO_4^{2-} 的检验:在第一组溶液中分别加入 2 滴 6 mol·L^{-1} 的 HCl 溶液,3~5 滴 1 mol·L^{-1} 的 $BaCl_2$ 溶液,记录结果,进行比较。

② Ca^{2+} 的检验:在第二组溶液中分别加入 2 滴 6 mol·L^{-1} 的 HAc 溶液,3~5 滴饱和 $(NH_4)_2C_2O_4$ 溶液,记录结果,进行比较。

③ Mg^{2+} 的检验:在第三组溶液中分别加入 3~5 滴 6 mol·L^{-1} 的 NaOH 溶液和几滴镁试剂Ⅰ,记录结果,进行比较。

5 思考题

① 本实验中先除 SO_4^{2-},后除 Mg^{2+}、Ca^{2+} 等离子的次序能否颠倒?为什么?

② 能否用氯化钙代替毒性大的氯化钡来除去食盐中的 SO_4^{2-}?

③ 在检验 SO_4^{2-} 时,为什么要加入盐酸溶液?

6 拓展内容

在我国古代,受限于盐业生产技术,民间用盐多为粗盐。直到民国初年,老百姓食用的都还是粗盐,氯化钠含量不足 50%,其他都是盐卤和泥土,比同时期西方国家牲畜用盐的指标还低 35%。因此,中国人一度被蔑称为"食土民族"。直到 1915 年,范旭东在天津创办我国第一个精盐企业——久大精盐厂,才改变了中华民族"吃土"的历史。不仅如此,范旭东还创办了第一个制碱厂和第一个硫酸铵厂,奠定了我国的化学工业基础,被称为"中国民族化学工业之父"。[1]

实际上精盐制备并不难,成本也不高,只是中国当时缺少化工人才。青年兴则国家兴,青年强则国家强。当代青年应需要不断提高自身的本领,努力成长为祖国的栋梁之材,为科技强国,实干兴邦贡献力量。

参考文献

[1] 徐孝菲,李宁,陈晨,等.普通化学实验课程体系思政建设[J].大学化学,2023,38(5):61-66.

实验 6　工业硫酸铜的提纯及其铁的限量分析

第 1 部分　工业硫酸铜的提纯

1　实验目的

① 学会分步沉淀和重结晶分离提纯物质的原理和方法。
② 进一步练习分离提纯的基本操作。

2　实验原理

粗硫酸铜晶体中的主要杂质是 Fe^{3+}、Fe^{2+} 以及一些可溶性的物质如 Na^+ 等。

（1）分步沉淀法去铁

利用水解法去铁，pH 控制比按溶度积常数计算值略高些。

要分离 Fe^{3+} 比较容易，因为氢氧化铁的 $K_{sp} = 4 \times 10^{-38}$，而氢氧化铜的 $K_{sp} = 2.2 \times 10^{-20}$，当 $[Fe^{3+}]$ 降到 10^{-6} mol·L^{-1} 时

$$[OH^-] = \sqrt[3]{\frac{K_{sp}[Fe(OH)_3]}{[Fe^{3+}]}} = \sqrt[3]{\frac{4 \times 10^{-38}}{10^{-6}}} = 10^{-10.47}(mol \cdot L^{-1})$$

即 pH = 3.53～4.0（即 $Fe(OH)_3$ 沉淀完全时的 pH）。而此时溶液中允许存在的 Cu^{2+} 量为

$$[Cu^{2+}] = \frac{K_{sp}[Cu(OH)_2]}{[OH^-]^2} = \frac{2.2 \times 10^{-20}}{(10^{-10.47})^2} = 19.2(mol \cdot L^{-1})$$

远高于 $CuSO_4 \cdot 5H_2O$ 的溶解度，所以 Cu^{2+} 不会沉淀。当然这种计算是非常粗糙的近似计算，实际上 Cu^{2+} 在生成 $Cu(OH)_2$ 沉淀前将会生成碱式盐沉淀（绿色），同时 Fe^{3+} 的溶解度也要大得多，因为 $Fe(OH)_3$ 是一种无定形沉淀，它的 K_{sp} 与析出时的形态、陈化情况等有关，所以 K_{sp} 会有较大的出入；同时计算时假定溶液中只有 Fe^{3+} 存在，实际上尚有 $Fe(OH)^{2+}$、$Fe(OH)_2^+$、$Fe_2(OH)_2^{4+}$ 等羟基配合物和多核羟基配合物存在，溶解度将会有很大的增加。但是从计算上可以看出一点，即 Cu^{2+} 与 Fe^{3+} 是可以利用溶度积的差异，适当控制条件（如 pH 等），达到分离的目的，我们称这种分离方法为分步沉淀法。

Cu^{2+} 与 Fe^{2+}（$K_{sp}[Fe(OH)_2] = 8.0 \times 10^{-16}$）从理论计算上似乎也可以用分步沉淀法分离，但由于 Cu^{2+} 是主体，Fe^{2+} 是杂质，这样进行分步沉淀会产生共沉淀现象，达不到分离目的。因此在本实验中先将 Fe^{2+} 在酸性介质中用 H_2O_2 氧化成 Fe^{3+}

$$2Fe^{2+} + H_2O_2 + 2H^+ \Longrightarrow 2Fe^{3+} + 2H_2O \tag{1}$$

然后采用控制 pH 在 3.5 左右一次分步沉淀分离，达到 Fe^{3+} 与 Cu^{2+} 分离的目的。且从氧化反应中可见，应用 H_2O_2 作氧化剂的优点是不引入其他离子，多余的 H_2O_2 可利用热分解去除而不影响后面分离。

Fe^{3+} 水解成为 $Fe(OH)_3$ 而除去：

$$Fe^{3+} + 3H_2O = Fe(OH)_3\downarrow + 3H^+ \tag{2}$$

除去铁离子后的滤液经蒸发、浓缩，即可制得五水硫酸铜晶体。

(2) 重结晶法分离可溶性杂质(如 Na^+)

根据物质的溶解度不同，特别是晶体的溶解度一般随温度的降低而减少，当热的饱和溶液冷却时，待提纯的物质先以结晶析出，而少量易溶性杂质由于尚未达到饱和，仍留在母液中，通过过滤，就能将易溶性杂质分离。

3 实验物品

(1) 仪器

电子天平，加热装置，ø60 mm 标准长颈漏斗，漏斗架，布氏漏斗，抽滤瓶，循环水泵，烧杯。

(2) 试剂

粗硫酸铜(s)，H_2O_2(10%)，H_2SO_4(1 mol·L^{-1})，NaOH(1 mol·L^{-1})。

(3) 材料

定性滤纸(ø7cm，ø11 cm)，精密 pH 试纸(0.5~5.0)。

4 实验步骤

(1) 称量和溶解

用电子天平称粗硫酸铜 7 g，放入 100 mL 烧杯中，加入 30 mL 水[a]，2 mL 1 mol·L^{-1} H_2SO_4，边搅拌边加热溶解，至晶体完全溶解时，停止加热。

(2) 氧化与沉淀

往溶液中滴加 2 mL 10% H_2O_2[b]，加热片刻除尽 H_2O_2[c]，边搅拌边滴加 1 mol·L^{-1} NaOH 溶液[d]，直至溶液的 pH≈3.5~4.0，再加热片刻，让水解生成的 $Fe(OH)_3$ 加速凝聚，取下静置，待 $Fe(OH)_3$ 沉淀沉降[e]。

(3) 常压过滤

将上层清液先沿玻璃棒倒入贴好滤纸的漏斗中过滤，在下面用烧杯承接滤液。待上层清液过滤完后再逐步倒入悬浊液过滤，待全部过滤完后，将滤渣投入废液缸中，弃去。

(4) 浓缩与结晶

将烧杯中的硫酸铜滤液用 1 mol·L^{-1} H_2SO_4 调至 pH＝1~2 后，加入磁子移到加热器上加热搅拌，蒸发浓缩后，直至溶液表面刚出现薄层晶膜时，立即停止加热，让其自然冷却到室温，慢慢地析出 $CuSO_4·5H_2O$ 晶体。

(5) 减压过滤

待烧杯底部用手摸感觉不到温热时，将晶体与母液转入已装好滤纸的布氏漏斗中进行抽滤。用玻璃棒将晶体均匀地铺满滤纸，并轻轻地压紧晶体，尽可能除去晶体间夹带的母液，然后用小滤纸轻轻压在晶体层表面，吸去表层晶体上吸附的母液。先拔去抽滤瓶支管上的橡皮管，然后再关水泵，停止抽滤。取出晶体，摊在滤纸上，再覆盖一张滤纸，用手指轻轻挤压或用平底瓶塞轻轻按压,吸干其中的剩余母液。将抽滤瓶中的母液倒入母液回收缸中。

（6）晶体称重

最后将吸干的晶体在电子天平上称出质量,计算产率。

（7）重结晶

将产品置于烧杯中,按质量比1∶1.3加蒸馏水,加热溶解,趁热抽滤。滤液水浴或小火蒸发浓缩至出现晶膜,冷却至室温,析出晶体,减压过滤。用5 mL乙醇洗涤晶体1~2次,烘干称重,计算回收率。

5 注意事项

[a] 用少量热水溶解、转移粗硫酸铜。水不能多,否则会增加蒸发、浓缩的时间。

[b] 往溶液中滴加氧化剂H_2O_2时,要搅拌,让H_2O_2充分氧化Fe^{2+}后再加热。

[c] 若瓶壁无小气泡产生,即可认为H_2O_2分解完全。

[d] 边滴加NaOH边不断搅拌,溶液颜色为绿色时则可测定pH。
     pH试纸使用时,事先不能润湿,显示颜色半分钟内与标准比色卡相比。

[e] 千万不要用玻璃棒去搅动!

6 思考题

① 在加热浓缩$CuSO_4$溶液前,为什么要将溶液调至pH=1~2?

② 在加热浓缩$CuSO_4$溶液时,为什么不能将滤液蒸干?

7 拓展内容

五水硫酸铜晶体结构中4个水分子以平面四边形与铜离子配位,形成$[Cu(H_2O)_4]^{2+}$,硫酸根上的氧与铜离子呈弱配位作用,桥联铜离子形成$[Cu(H_2O)_4SO_4]_n$折尺状一维链结构。另一个水分子为结晶水(一般称作阴离子水),通过氢键与配位链相连,把聚合物链连成三维超分子结构。其结构如图5.1所示。

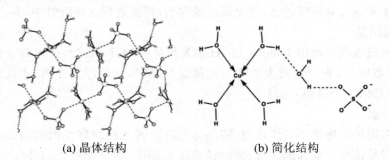

(a) 晶体结构   (b) 简化结构

图5.1 五水硫酸铜结构

五水硫酸铜加热脱水步骤一般分三步进行：

$$CuSO_4 \cdot 5H_2O = CuSO_4 \cdot 3H_2O + 2H_2O$$
$$CuSO_4 \cdot 3H_2O = CuSO_4 \cdot H_2O + 2H_2O$$
$$CuSO_4 \cdot H_2O = CuSO_4 + H_2O$$

过去认为，五水硫酸铜第一步失去结晶水之间没有氢键作用的 2 分子配位水，第二步失去另外 2 个配位水，第三步失去 1 分子结晶水。新的研究认为五水硫酸铜中氢键远远弱于配位键，而且每个配位水分子都与结晶水或硫酸根存在氢键作用。五水硫酸铜第一步脱去的两分子水应该是结晶水和一个配位水。对三水合硫酸铜继续加热，则可以得到一水合硫酸铜[1]。

由于客观事物是复杂的，认识过程也是复杂的，认识的主体也有自身的局限性，往往要反复调查研究、补充、修正。这是认识的反复性，即对一个复杂事物的认识，要经过由实践到认识，由认识到实践的多次反复才能完成。同时，由于客观世界是不断发展的，人的认识运动也必然随之不断发展。追求真理是一个过程，要求与时俱进、开拓创新，在实践中认识和发现真理，在实践中检验和发展真理。

参 考 文 献

[1] 张靖阳,蔡东龙,刘豫健,等.五水硫酸铜宏观晶面数及水合硫酸铜微观结构[J].大学化学,2018,33(12):56-61.

第 2 部分 提纯后硫酸铜中铁的限量分析

1 实验目的

① 了解产品纯度检验的原理和方法。
② 学习比色法检测离子含量。

2 实验原理

产品中铁的含量可用比色法测定。在酸性条件下将 Fe^{2+} 氧化成 Fe^{3+} 之后，加入氨水使 Cu^{2+} 转变为 $[Cu(NH_3)_4]^{2+}$，而 Fe^{3+} 与氨水反应生成 $Fe(OH)_3$ 沉淀，将沉淀分离，用盐酸溶解，加入 KSCN 生成血红色的 $[Fe(SCN)_n]^{3-n}$，$n = 1 \sim 6$。利用目视比色法，确定产品级别。

铁离子转化：

$$2Fe^{2+} + H_2O_2 + 2H^+ = 2Fe^{3+} + 2H_2O$$

铁离子检测：

$$Fe^{3+} + 3NH_3 \cdot H_2O = Fe(OH)_3 \downarrow + 3NH_4^+$$
$$Fe(OH)_3 + 3HCl = FeCl_3 + 3H_2O$$
$$Fe^{3+} + nSCN^- \rightleftharpoons [Fe(SCN)_n]^{3-n}$$

铜离子的反应路径：

$$2Cu^{2+} + SO_4^{2-} + 2NH_3 \cdot H_2O \Longrightarrow Cu_2(OH)_2SO_4 \downarrow + 2NH_4^+$$

$$Cu_2(OH)_2SO_4 + 8NH_3 \cdot H_2O \Longrightarrow 2[Cu(NH_3)_4]^{2+} + SO_4^{2-} + 2OH^- + 8H_2O$$

3　实验物品

（1）仪器

烧杯（100 mL），量筒（10 mL，100 mL），容量瓶（50 mL，500 mL，1000 mL），吸量管（5 mL，10 mL），比色管（25 mL）。

（2）试剂

硫酸铜（s），H_2O_2（10%），H_2SO_4（1 mol·L^{-1}），HCl（2 mol·L^{-1}，1∶1），$NH_3 \cdot H_2O$（1 mol·L^{-1}，6 mol·L^{-1}），KSCN（25%）。

4　实验步骤

（1）称量和溶解

称取 1.5 g 提纯后的硫酸铜晶体，置于 200 mL 烧杯中，用 20 mL 水溶解，加入 1 mL 1 mol·L^{-1} H_2SO_4 和 1 mL 10% H_2O_2，加热，使 Fe^{2+} 完全氧化成 Fe^{3+}，继续加热煮沸，使剩余的 H_2O_2 完全分解。

（2）氧化与分离

取下溶液冷却后，在搅拌下逐滴加入 6 mol·L^{-1} 氨水，先生成浅蓝色的沉淀，继续滴入 6 mol·L^{-1} 氨水，直至浅蓝色沉淀完全溶解，呈深蓝色透明溶液[a]。此时，溶液中的微量铁生成 $Fe(OH)_3$ 沉淀。常压过滤，回收滤液后，用 1 mol·L^{-1} 氨水洗涤沉淀和滤纸至无蓝色[b]。

（3）配液与比色

用滴管螺旋式滴入 3～5 mL 热的 2 mol·L^{-1} HCl，使沉淀完全溶解。用 25 mL 比色管承接滤液，然后向其中加入 2 mL 25% KSCN 溶液，以蒸馏水稀释至刻度，摇匀，与标准色阶比较，观察红色的深浅，确定产品级别。

（4）色阶配制

称 1.000 g 纯 Fe 粉（或 Fe 丝），用 40 mL 1∶1 HCl 溶解，溶解后，滴加 10% H_2O_2，直至 Fe^{2+} 完全氧化成 Fe^{3+}，过量的 H_2O_2 加热分解除去，冷却后，移入 1 L 容量瓶中，以蒸馏水稀释至刻度，摇匀。此液每毫升含 1.00 mg Fe^{3+}。

移取此液 5.00 mL 于 500 mL 容量瓶中，加入 1 mL 浓 HCl，以蒸馏水稀释至刻度，摇匀。此液每毫升含 0.010 mg Fe^{3+}。

移取 0.010 mg·mL^{-1} Fe^{3+} 标准溶液 6.00 mL、3.00 mL、1.00 mL，分别置于三支 25 mL 比色管中，各加入 3 mL 2 mol·L^{-1} HCl，2 mL 25% KSCN 溶液，以水稀释至刻度，摇匀。比色阶分别相当于三、二、一级试剂的含量标准。

5　注意事项

[a]　注意氨水不能过多,否则会增加过滤、洗涤的时间,浪费资源。

[b]　洗至无蓝色,否则影响显色。若含 Fe 较多,过滤后滤纸上留下黄色或棕色沉淀。

6　思考题

如何判断随着氨水的加入,由铜离子生成的沉淀完全溶解形成深蓝色溶液?

实验 7　盐酸的标定

1　实验目的

① 学会配制一定浓度的标准溶液。

② 学会用滴定法测定酸碱溶液浓度的原理和操作方法。

2　实验原理

(1) 标准溶液

所谓标准溶液,是一种已知准确浓度的溶液,但不是什么试剂都能直接配制标准溶液,如浓 HCl 易挥发、浓 H_2SO_4 易吸水、固体 NaOH 易潮解、$Na_2CO_3 \cdot 10H_2O$ 易风化等,这些试剂均不能直接配制标准溶液,只有基准物质才能直接配制。

所谓基准物质即是可用来直接配制标准溶液或校准未知溶液浓度的物质。它必须具备下列条件:

① 组成与化学式精确符合(包括结晶水)。

② 纯度要求在 99.9% 以上,而杂质含量少至可忽略不计。

③ 在一般条件下性质稳定,且在反应时不发生副反应。

配制标准溶液的方法有两种:

① 直接法

准确称取一定量的某基准物质,用少量水溶解后,移入容量瓶中直接配制成一定浓度的标准溶液。

② 标定法

如浓硫酸之类不能直接配制标准溶液的物质,可先配制近似于所需的浓度,然后用基准物质(或已经用基准物质标定过的标准溶液)来标定它的准确浓度。

（2）HCl 溶液的标定

利用无水碳酸钠作基准物标定 HCl 溶液时，发生下述反应：

$$Na_2CO_3 + 2HCl \rightleftharpoons 2NaCl + H_2CO_3$$

当 Na_2CO_3 的量一定时（通过直接称取一定量无水 Na_2CO_3 用水溶解后或吸取一定体积的 Na_2CO_3 标准溶液达到此目的），用 HCl 溶液滴定，以甲基橙作指示剂滴到橙色为终点，此终点体积可被近似认为化学计量点体积，根据物质的量相等，即可求得 HCl 溶液的浓度，这样的过程称为滴定。

但必须注意，以指示剂变色点来判断化学计量点到达时，选择的指示计变色范围要落在滴定的突跃范围内，否则会造成误差增大，甚至会得到较大的误差。

pH 突跃范围的大小与浓度、电离常数（或水解常数）的大小有关。浓度愈大，突跃愈大；电离常数或水解常数愈大，突跃愈大，反之皆小。无水碳酸钠是一种水解盐，碱性相当于弱碱，所以用甲基橙作指示剂时，浓度不能太稀，否则误差太大。

3 实验物品

（1）仪器

酸式或聚四氟乙烯滴定管，滴定管夹和滴定台，移液管（20 mL），锥形瓶（250 mL），容量瓶（250 mL），洗耳球，洗瓶。

（2）药品

基准无水碳酸钠样品，未知浓度的盐酸溶液，甲基橙溶液（0.1%）。

4 实验步骤

（1）基准无水 Na_2CO_3 溶液的配制

取一份盛在洁净小烧杯中已称量备用的无水 Na_2CO_3 样品，加入适量蒸馏水，用干净的玻璃棒搅拌溶解（注意勿使溶液溅出损失），待样品溶解后，借助玻璃棒小心地将小烧杯中的溶液转移到 250 mL 容量瓶中（容量瓶必须事先检查是否漏液），随后用洗瓶中蒸馏水沿烧杯内壁冲洗烧杯，再将烧杯内溶液转移到容量瓶中，如此反复 3~4 次（必须注意勿使溶液的总体积超过容量瓶的刻线）。最后借助洗瓶小心地向容量瓶中加入蒸馏水，使容量瓶中的液面正好与刻度线对准。塞紧瓶塞，摇匀瓶内溶液，备用。

根据无水碳酸钠的重量及容量瓶的体积，计算碳酸钠标准溶液的物质的量浓度（计算到四位有效数字）。

（2）HCl 溶液浓度的标定

用待标定的 HCl 溶液润洗洁净的滴定管三次，然后装入待标定的 HCl 溶液至刻度线上，打开活塞，赶走滴定管下端的气泡，再调节溶液的弯月面在"0~1 mL"刻度线之间，记下读数（准确至小数点后第二位）。

用 Na_2CO_3 标准溶液润洗洁净的 20 mL 移液管三次，然后移取三份 Na_2CO_3 标准溶液分别于三个洗净的 250 mL 锥形瓶中，分别滴入 1~2 滴甲基橙指示剂，摇匀后，用右手持锥形瓶,用左手的大拇指和食指旋转活塞,开始时滴入速度为一滴接着一滴,且边滴边摇锥形瓶,使溶液均匀混合。待接近终点时,速度为加入一滴后摇一摇,直至加入酸后,摇匀,溶液由黄色变为橙色,再用洗瓶冲洗锥形瓶内壁后,仍不变色,即为终点,记下读数。

重复上述滴定操作三次,要求滴入的 HCl 溶液体积相差不超过 0.10 mL。

(3) 重复操作取第二份已知重量的无水碳酸钠,重复(1)、(2)操作。

5　实验结果

参考表 5.5,记录并整理实验数据。

表 5.5　数据记录与整理

实验组号	1	2	3
Na_2CO_3 的质量(g)			
Na_2CO_3 溶液的体积(mL)			
HCl 溶液的初始体积(mL)			
HCl 溶液的终点体积(mL)			
HCl 溶液的浓度($mol \cdot L^{-1}$)			
HCl 溶液浓度的平均值($mol \cdot L^{-1}$)			

6　思考题

① 为什么滴定管与移液管要用所装入的溶液润洗三次,而锥形瓶却不需要?

② 若加入大量洗涤水,则将对本实验结果产生什么影响?为什么?

③ 如果滴定管下端气泡没有赶走,将对实验结果产生什么影响?为什么?

④ 如果将指示剂改用酚酞,结果将如何计算?估计标定的误差将会增大还是减小?

7　拓展内容

酸碱指示剂是检验溶液酸碱性的常用化学试剂,像科学上许多其他发现一样,酸碱指示剂的发现也是化学家善于观察、勤于思考、勇于探索的结果。

英国科学家罗伯特·玻意耳做实验时,盐酸飞溅到了紫罗兰花上,为洗掉花上的酸沫,他把花用水冲了一下,一会儿发现紫罗兰颜色变红了,玻意耳把紫罗兰分别放入当时已知的稀酸中,结果现象完全相同,紫罗兰都变为红色。偶然的发现,激发了玻意耳的探求欲望,最早的石蕊试液也是他发现的。他从石蕊苔藓中提取的紫色浸液,遇到酸就会变红,遇到碱就会变蓝,可以进行双向指示。为使用方便,玻意耳用一些浸液把纸浸透,烘干制成了纸片。目前,我们使用的石蕊、酚酞试纸、pH 试纸,就是根据玻意耳的发现研制而成的[1]。

玻意耳是一位追求真知且永不疲倦的科学家,在科学研究上的兴趣是多方面的,尤其是在化学学科领域中取得突出成就。当我们发现了生活中的小细节，要具有科学家的探究精神，善于观察，大胆猜想，小心求证，为寻求真理而坚持不懈，努力提高自己的创新意识，培养创新思维。

参 考 文 献

[1] 刘雪茹,惠壮,李延,等.化学实验课课程思政案例库建设初探[J].大学化学,2022,37(10):1-9.

盐酸的标定实验视频

实验 8　化学需氧量(COD)的测定

1　实验目的

① 掌握高锰酸钾法测定水中 COD 的分析方法。
② 了解测定 COD 的意义。

2　实验原理

化学需氧量是指用适当氧化剂处理水样时,水样中需氧污染物所消耗的氧化剂量,通常以相应的氧量($mg \cdot L^{-1}$)表示。COD 是表示水体或污水的污染程度的重要综合性指标之一,是环境保护和水质控制中经常需要测定的项目。COD 值越高,说明水体污染越严重。

地表水中有机物的含量较低,COD 小于 $3 \sim 4 \ mg \cdot L^{-1}$。轻度污染的水源 COD 可达 $4 \sim 10 \ mg \cdot L^{-1}$,若水中 COD 大于 $10 \ mg \cdot L^{-1}$,认为水质污染严重。目前 COD 的测定多采用高锰酸钾法和重铬酸钾法,高锰酸钾法适用于分析测试地表水、河水等污染不十分严重的水。

具体做法:在酸性条件下,向被测水样中加入定量且过量的 $KMnO_4$ 溶液(记体积 V_1),加热水样,使水中的有机物和无机还原性物质充分与 $KMnO_4$ 作用,然后加入过量的 $Na_2C_2O_4$ 溶液,使其与剩余的 $KMnO_4$ 充分反应,过量的 $Na_2C_2O_4$ 再用 $KMnO_4$ 溶液返滴定(记体积 V_2),即可计算出水样中化学需氧量(高锰酸盐指数),COD ($mg \cdot L^{-1}$)。反应式如下:

$$4KMnO_4 + 6H_2SO_4 + 5C \Longrightarrow 2K_2SO_4 + 4MnSO_4 + 6H_2O + 5CO_2 \uparrow$$

$$2KMnO_4 + 5Na_2C_2O_4 + 8H_2SO_4 \Longrightarrow 5Na_2SO_4 + K_2SO_4 + 2MnSO_4 + 8H_2O + 10CO_2 \uparrow$$

水样中 Cl^- 的质量浓度大于 $300\ mg \cdot L^{-1}$ 时将使测定结果偏高,通常加入 Ag_2SO_4 除去 Cl^-,$1\ g\ Ag_2SO_4$ 可消除 $200\ mg\ Cl^-$ 的干扰,也可将水样稀释消除干扰。

化学需氧量是一个条件性指标,必须严格控制反应条件。水样采集后应立即加入 H_2SO_4 溶液使其 $pH < 2$,抑制微生物繁殖,立即送实验室分析检测,如需放置可加入少量 $CuSO_4$,抑制微生物对有机物的分解。

取水样的体积视水样的外观情况而定。洁净透明的水样一般取 $100\ mL$,混浊的水样一般取 $10 \sim 30\ mL$,补加蒸馏水至 $100\ mL$。同时,用蒸馏水代替水样,做空白试验。计算化学需氧量时将空白值扣除。

3　实验物品

(1) 仪器

量筒($10\ mL$),烧杯($100\ mL$),电子天平,容量瓶($250\ mL$),锥形瓶($250\ mL$)。

(2) 试剂

$KMnO_4$ 标准溶液(约 $0.002\ mol \cdot L^{-1}$),基准 $Na_2C_2O_4$,H_2SO_4($1:3$)。

4　实验步骤

(1) $KMnO_4$ 标准溶液的标定

准确称取 $0.15 \sim 0.20\ g$(准确至 $\pm 0.0001\ g$)经烘干的基准 $Na_2C_2O_4$ 于 $100\ mL$ 烧杯中,以适量水溶解,加入 $1\ mL$ $1:3$ H_2SO_4,搅拌,移入 $250\ mL$ 容量瓶,以水稀释至刻度,摇匀。

移取 $20.00\ mL$ 上液,加入 $5\ mL$ $1:3$ H_2SO_4,加热至 $60 \sim 80\ ℃$,以待标定的 $KMnO_4$ 溶液滴至微红色($30\ s$ 不变)为终点。

(2) COD 的测定

取 $10.00\ mL$ 水样于 $250\ mL$ 锥形瓶中,用蒸馏水稀至 $100\ mL$,加入 $10.00\ mL$ $KMnO_4$ 标准溶液,$5\ mL$ $1:3$ H_2SO_4 和磁子,加热煮沸 $10\ min$,立即加入 $20.00\ mL$ $Na_2C_2O_4$ 溶液(此时应为无色,若仍为红色,再补加 $5.00\ mL$),趁热用 $KMnO_4$ 溶液滴至微红色($30\ s$ 不变即可。若滴定温度低于 $60\ ℃$,应加热至 $60 \sim 80\ ℃$ 再进行滴定)。重复做一次并做二次空白(以蒸馏水取代样品,按同样操作进行)

5　思考题

① 滴定 $KMnO_4$ 时,滴定操作应注意哪些问题?

② 加热煮沸 $10\ min$ 应如何控制?时间要求是否严格?为什么?

实验 9　pH 法测定醋酸电离常数

1　实验目的

① 掌握 pH 法测定醋酸电离常数的原理和方法。
② 学习使用酸度计测定溶液的 pH。
③ 进一步练习配制不同浓度溶液的操作。

2　实验原理

醋酸是一元弱酸,在水溶液中存在下列电离平衡:

$$HAc \rightleftharpoons H^+ + Ac^-$$

其电离常数表达式为

$$K_{HAc} = \frac{[H^+][Ac^-]}{[HAc]} \tag{1}$$

设 HAc 的起始浓度为 c,若忽略水电离所提供 H^+ 离子的量,则达到平衡时溶液中 $[H^+]$ $=[Ac^-]$,$[HAc] = c - [H^+]$,代入式(1) 得

$$K_{HAc} = \frac{[H^+]^2}{c - [H^+]} \tag{2}$$

电离度 $\alpha = \frac{[H^+]}{c} \times 100\%$,代入式(2)得

$$K_{HAc} = \frac{c\alpha^2}{1 - \alpha} \tag{3}$$

当 $\alpha < 5\%$ 时,$1 - \alpha \approx 1$,即弱电解质趋近于全部电离。当温度一定时,弱电解质溶液在各种不同浓度时,电离度 α 只与在该浓度时所生成的离子数有关,因此可通过测量在该浓度所生成的离子数有关的物理量,如 pH、电导率等来测定 α。本实验是通过 pH 计测定不同浓度的醋酸溶液的 pH,并运用公式(2)或(4)计算得到该温度下醋酸的电离常数:

$$K_{HAc} = \frac{[H^+]^2}{c} \tag{4}$$

3　实验物品

(1) 仪器
滴定管 (25 mL),烧杯 (50 mL、100 mL),玻璃棒,雷磁 PHSJ-3F 型酸度计,复合电极。

（2）试剂

HAc 标准溶液（约 $0.1\ mol \cdot L^{-1}$）。

4　实验步骤

（1）不同浓度醋酸溶液的配制

取 5 只干净、干燥的 100 mL 烧杯，分别编号 1～5。按照表 5.6 依次用滴定管取用相应体积的液体。

表 5.6　两种液体分别取用的体积

烧杯编号 液体体积	1	2	3	4	5
V_{HAc}（mL）	40.00	24.00	12.00	6.00	3.00
V_{H_2O}（mL）		24.00	36.00	42.00	45.00

（2）醋酸溶液 pH 的测定

酸度计使用前须用标准缓冲液进行校准，继而按照由稀到浓的顺序（编号 $5^{\#}\sim 1^{\#}$）依次测定溶液的 pH。每份溶液测定后电极不必用蒸馏水冲洗，滤纸吸干电极上的残留溶液即可继续测定下一份溶液。测量结束后，用蒸馏水冲洗温度传感器及电极，并将电极吸干后浸入盛有补充液的电极套中。具体操作过程参见 3.2 酸度计。

5　实验结果

参考表 5.7，记录并整理实验数据。

表 5.7　数据记录与整理

溶液编号	c_{HAC}（mol·L^{-1}）	pH	c_{H^+}（mol·L^{-1}）	K_a
$1^{\#}$				
$2^{\#}$				
$3^{\#}$				
$4^{\#}$				
$5^{\#}$				

6　思考题

① 配制溶液时,为什么必须使用干燥的烧杯?
② 测定溶液 pH 时,为什么要进行温度补偿?
③ 为什么从 5 号测到 1 号时,可不用蒸馏水冲洗电极?

pH 法与电导法测定醋酸电离常数实验视频

实验 10　电导法测定醋酸电离常数

1　实验目的

① 掌握通过电导率仪测定醋酸的电离常数 K_{HAc} 的方法。
② 通过实验了解溶液的电导(G),摩尔电导率(Λ_m),弱电解质的电离度(α),电离常数(K)等概念及它们之间的相互关系。
③ 学习电导率仪的使用。

2　实验原理

弱电解质如醋酸,在一般浓度范围内,只有部分电离。因此有如下电离平衡:

$$HAc \rightleftharpoons H^+ + Ac^-$$
$$c(1-\alpha) \qquad c\alpha \qquad c\alpha$$

其中,c 为醋酸的初始浓度,α 为电离常数,故 $c(1-\alpha)$ 为 HAc 平衡状态下的浓度,$c\alpha$ 为 H^+ 及 Ac^- 平衡状态下的浓度。如果溶液是理想的,在一定温度下,可由质量作用定律得到醋酸电离常数表达式为

$$K_{HAc} = \frac{c\,\alpha^2}{1-\alpha} \tag{1}$$

根据电离学说,弱电解质的 α 随溶液的稀释而增加。当溶液无限稀释时,$\alpha \rightarrow 1$,即弱电解质趋近于全部电离。当温度一定时,弱电解质溶液在各种不同浓度时,电离度 α 只与在该浓度时所生成的离子数有关,因此可通过测量在该浓度所生成的离子数有关的物理量,如 pH、

电导率等来测定 α。本实验是通过测量不同浓度时溶液的电导率来计算 α 和 K_{HAc} 值。

电解质溶液的导电能力常以电导 G 来表示。测量溶液电导的方法通常是将两个电极插入溶液中,测出两极间的电阻。根据欧姆定律,在温度一定时,两电极间的电阻 R 只与两电极间的距离 l 成正比,与电极的截面积 A 成反比,即

$$R = \rho \frac{l}{A} \tag{2}$$

电导是电阻的倒数:

$$G = \frac{1}{R} = \frac{1}{\rho} \frac{A}{l} = \kappa \frac{A}{l} \tag{3}$$

式中,κ 称电导率。它表示两电极距离为 1 m,平行电极面积各为 1 m^2 时,单位立方体所包含的电解质溶液的电导。κ 的单位为 $S \cdot m^{-1}$,也是一种表示导电能力的物理量。

电解质溶液的导电机制是依靠正、负离子的迁移完成的。电导率不仅与电解质种类、温度有关,还与该电解质溶液的浓度有关,因此引入摩尔电导率 Λ_m 衡量电解质溶液的导电能力。其定义是指将含有 1 mol 电解质溶液置于相距 1 m 的两个平行电极之间时,溶液所具有的电导。

若 c 是电解质溶液的物质的量浓度($mol \cdot m^{-3}$),而含有 1 mol 电解质溶液的体积 V_m 应等于 $1/c$,则摩尔电导率与电导率之间的关系为

$$\Lambda_m = \frac{\kappa}{c} \tag{4}$$

因为 κ 的单位是 $S \cdot m^{-1}$,c 的单位是 $mol \cdot m^{-3}$,所以摩尔电导率 Λ_m 的单位是 $S \cdot m^2 \cdot mol^{-1}$。

根据科尔劳施离子独立迁移定律,简称离子独立迁移定律,在无限稀释的溶液中,正、负每种离子对电解质的电导均有贡献,且互不干扰。电解质的无限稀释摩尔电导率(Λ_m^∞)可由正、负离子的无限稀释摩尔电导率的代数和得到。对于电解质 $A_{\nu+} B_{\nu-}$ 溶液,按下式电离:

$$A_{\nu+} B_{\nu-} \longrightarrow \nu_+ A + \nu_- B$$

根据离子独立迁移定律,有

$$\Lambda_m^\infty = \nu_+ \Lambda_{m+}^\infty + \nu_- \Lambda_{m-}^\infty \tag{5}$$

式中,ν_+、ν_- 分别为电离的正、负离子的个数;Λ_{m+}^∞、Λ_{m-}^∞ 分别为无限稀释的电解质溶液中正、负离子的摩尔电导率。对于 1-1 型电解质,则有如下关系式:

$$\Lambda_m^\infty = \Lambda_{m+}^\infty + \Lambda_{m-}^\infty \tag{6}$$

对于无限稀释的醋酸溶液来说,可近似认为

$$\Lambda_m^\infty (HAc) = \Lambda_{m+}^\infty (H^+) + \Lambda_{m-}^\infty (Ac^-) \tag{7}$$

根据电离学说,在一般浓度的弱电解质(例如醋酸)溶液中,其离子电导为

$$\Lambda_m = \alpha \left[\Lambda_{m+} (H^+) + \Lambda_{m-} (Ac^-) \right] \tag{8}$$

在弱电解质溶液中,离子的浓度较小,离子之间的相互作用也较小,因此可近似认为弱电解质的离子电导率 $\Lambda_{m+}(H^+)$、$\Lambda_{m-}(Ac^-)$ 与无限稀释溶液中的离子电导 $\Lambda_{m+}^\infty(H^+)$、$\Lambda_{m-}^\infty(Ac^-)$ 相等。因此将式(8)代入式(7),有

$$\alpha = \frac{\Lambda_m}{\Lambda_m^\infty} \tag{9}$$

将式(9)代入式(1),得

$$K_{HAc} = \frac{c \Lambda_m^2}{\Lambda_m^\infty (\Lambda_m^\infty - \Lambda_m)} \tag{10}$$

因此,可通过测定 HAc 的电导率 κ 代入式(4)求得 Λ_m;Λ_m^∞ 则由表 5.8 查得,再将 Λ_m、Λ_m^∞ 代入式(9)、式(10),求得 α 和 K_{HAc}。

式(10)亦可写成

$$\frac{1}{\Lambda_m} = \frac{1}{\Lambda_m^\infty} + \frac{c\,\Lambda_m}{K_{HAc}\,\Lambda_m^{\infty 2}} \tag{11}$$

若以 $\dfrac{1}{\Lambda_m}$ 对 $c\Lambda_m$ 作图,截距即为 $\dfrac{1}{\Lambda_m^\infty}$,由直线的斜率即可求得 K_{HAc}。

表 5.8　不同温度下无限稀释的醋酸溶液的摩尔电导率(10^{-4} S·m²·mol^{-1})

温度(℃)	0	18	25	30	50	100
Λ_m^∞	260.3	348.6	390.8	421.8	532	774

3　实验物品

(1) 仪器

滴定管(25 mL),电导率仪(DDS-11D 型),烧杯(50 mL)。

(2) 试剂

HAc 溶液(约 0.1 mol·L^{-1})。

4　实验步骤

① 按照实验"pH 法测定醋酸电离常数"的实验步骤 1 取用五份不同浓度的醋酸溶液。

② 记录室温,根据 3.3 节电导率仪中介绍的操作过程,按照由稀到浓的顺序在电导率仪上依次测定电导率。

③ 分别用平均值法和作图法求 K_{HAc}。

5　实验结果

参考表 5.9,记录并整理实验数据。

表 5.9　数据记录与整理

溶液编号	c_{HAc}(mol·L^{-1})	κ(S·m^{-1})	Λ_m(S·m²·mol^{-1})	K_a
1#				
2#				
3#				
4#				
5#				

6 思考题

① 电解质溶液的导电与金属导电有什么不同?
② 弱电解质的 α 与哪些因素有关?

实验 11 氧化还原反应

1 实验目的

① 了解原电池的原理,掌握电极电势与氧化还原反应方向的关系。
② 掌握反应物浓度和介质对氧化还原反应的影响。

2 实验原理

氧化还原反应是物质间发生电子转移的一类重要反应。氧化剂在反应中得到电子,还原剂失去电子,氧化、还原能力的强弱,可用其电极电势的相对高低来衡量。电对的电极电势越高,其氧化型物质的氧化能力越强,而还原型物质的还原能力越弱,反之亦然。

标准电极电势是处于标准状态的电对相对于标准氢电极的电极电势,规定标准氢电极的电极电势为 0.000 V。根据电对的标准电极电势($\varphi^\ominus$)的相对大小,可以判断氧化还原反应进行的方向和程度。

$$Zn^{2+} + 2e = Zn, \quad E^\ominus_{Zn^{2+}/Zn} = -0.76 \text{ V}$$
$$Pb^{2+} + 2e = Pb, \quad E^\ominus_{Pb^{2+}/Pb} = -0.13 \text{ V}$$

则在标准情况下,$E_{电池} = E^\ominus_{正} - E^\ominus_{负} = E^\ominus_{Pb^{2+}/Pb} - E^\ominus_{Zn^{2+}/Zn} = -0.13 + 0.76 = 0.63 > 0$,所以反应能自发地进行,即将 Zn 片放入 Pb^{2+} 溶液中发生下列反应:

$$Zn + Pb^{2+} = Zn^{2+} + Pb$$

但在非标准情况下,电对的电极电势不仅取决于电对的本性,而且取决于电对平衡式中各物质的浓度和温度。

$$\varphi = \varphi^\ominus + \frac{RT}{nF} \ln \frac{[Ox]}{[Red]}$$

影响溶液中离子浓度的因素(如浓度、酸度或形成沉淀、配合物等)均会影响电对的电极电势,从而影响氧化还原反应的进行。例如:

$$Pb^{2+} + 2e = Pb, \quad E^\ominus_{Pb^{2+}/Pb} = -0.13 \text{ V}$$
$$Cu^{2+} + 2e = Cu, \quad E^\ominus_{Cu^{2+}/Cu} = +0.337 \text{ V}$$
$$Cu^+ + e = Cu, \quad E^\ominus_{Cu^+/Cu} = +0.522 \text{ V}$$

则将 Cu 放入 Pb^{2+} 溶液中,$E_{电池} = E^\ominus_{正} - E^\ominus_{负} = E^\ominus_{Pb^{2+}/Pb} - E^\ominus_{Cu^{2+}/Cu} = -0.13 - 0.337 = -0.467 <$

0,反应不能自发进行。当加入 Na_2S 后,使溶液中的$[Cu^+]$降低,$E_{Cu^+/Cu}$降低成比 $E_{Pb^{2+}/Pb}$ 更负的电位,使 $E_{电池} > 0$,反应自发进行。

3　实验物品

(1) 仪器

试管,试管架,烧杯(50 mL)。

(2) 试剂

KI 溶液($0.1\ mol \cdot L^{-1}$),KIO_3 溶液($0.1\ mol \cdot L^{-1}$),H_2SO_4 溶液($2\ mol \cdot L^{-1}$),NaOH 溶液($2\ mol \cdot L^{-1}$),$H_2C_2O_4$ 溶液($2\ mol \cdot L^{-1}$),$KMnO_4$ 溶液($0.1\ mol \cdot L^{-1}$),$MnSO_4$ 溶液($0.2\ mol \cdot L^{-1}$),NH_4F 溶液(10%),NaAc 溶液($1\ mol \cdot L^{-1}$),Na_2SiO_3 溶液(15%~20%),$Pb(NO_3)_2$ 溶液($1\ mol \cdot L^{-1}$),$Pb(NO_3)_2$ 溶液($0.5\ mol \cdot L^{-1}$),Na_2S 碱性溶液($1\ mol \cdot L^{-1}$,内含 $1\ mol \cdot L^{-1}$ NaOH 溶液),铜丝/铜片、锌片。

4　实验步骤

(1) 酸度对氧化还原反应的影响

在试管中加入 $0.5\ mL\ 0.1\ mol \cdot L^{-1}$ KI 溶液和 2~3 滴 $0.1\ mol \cdot L^{-1}$ KIO_3 溶液混匀后有何现象发生?补加数滴 $2\ mol \cdot L^{-1}$ H_2SO_4 溶液后,有无现象变化?再向试管继续滴加 $2\ mol \cdot L^{-1}$ NaOH 使混合液呈碱性溶液后,又有何变化?记录现象并作出解释,写出反应方程式。

(2) 沉淀剂对氧化还原反应的影响

取 1 只洗净的 50 mL 烧杯,加入 $10\ mL\ 1\ mol \cdot L^{-1}$ NaAc 溶液和 10 mL Na_2SiO_3 溶液,混匀后,在 2 支试管中各倒入 1/3 混合液(半试管左右)。用滴管各滴入 20 滴 $0.5\ mol \cdot L^{-1}$ $Pb(NO_3)_2$ 溶液,玻璃棒混匀,放入 60~80 ℃ 水浴中加热近成胶时[a],在两支试管中各插入一根擦去氧化物的铜丝[b],继续加热胶化至完全成胶。再向其中一支试管(1[#])加入剩余的混合液,继续水浴加热成胶,用滴管加入数滴 $1\ mol \cdot L^{-1}$ 的碱性 Na_2S 溶液,室温静置观察两支试管[c],记录现象并解释原因。

(3) 氧化剂浓度对"铅树"生长速度的影响

取 1 只洗净的 50 mL 烧杯,加入 $10\ mL\ 1\ mol \cdot L^{-1}$ NaAc 溶液和 10 mL Na_2SiO_3 溶液,混匀后,在两支试管中各倒入 1/3 混合液。然后往一个试管中(1[#])加入 $0.5\ mL\ 0.5\ mol \cdot L^{-1}$ $Pb(NO_3)_2$ 溶液,另一支试管中(2[#])加入 $0.5\ mL\ 1.0\ mol \cdot L^{-1}$ $Pb(NO_3)_2$ 溶液,各自摇匀,放入 60~80 ℃ 水浴中加热[a],直至成胶后取出,各插入一片面积相同且擦去氧化物的锌片[b],室温静置观察现象,并解释原因。

(4) 催化剂对氧化还原反应的影响

取 3 支试管,分别加入 $1\ mL\ 2\ mol \cdot L^{-1}$ $H_2C_2O_4$ 溶液和 5 滴 $1\ mol \cdot L^{-1}$ H_2SO_4 溶液,然后往 1 号试管中(1[#])加 2 滴 $0.2\ mol \cdot L^{-1}$ $MnSO_4$ 溶液,往 3 号试管(3[#])加数滴 10% 的 NH_4F,最后向 3 支试管中分别加入 2 滴 $0.1\ mol \cdot L^{-1}$ $KMnO_4$ 溶液,混匀后观察现象,解释原因并写出反应方程式。

5 注意事项

[a] 硅凝胶加热温度不能过高,时间不能太长。
[b] 铜丝和锌片使用之前需要用砂纸仔细打磨,除去表面的氧化层,实验结束后回收。
[c] 铅树反应中,不能晃动金属片/丝。

6 实验结果与分析

参考表 5.10 至表 5.13,记录实验现象并分析原因。

表 5.10 酸度对氧化还原反应影响的实验现象及原因分析

	试剂	现象	分析原因
	0.5 ml 0.1 mol · L^{-1} KI 2～3 滴 0.1 mol · L^{-1} KIO$_3$ —→		
	数滴 2 mol · L^{-1} H$_2$SO$_4$ —→		
	数滴 2 mol · L^{-1} NaOH —→		

表 5.11 沉淀剂对氧化还原反应影响的实验现象及原因分析

试管	现象	分析原因
1#		
2#		

表 5.12 氧化剂浓度对"铅树"生长速度影响的实验现象及原因分析

试管	现象	分析原因
1#		
2#		

表 5.13 催化剂对氧化还原反应影响的实验现象及原因分析

试管	现象	分析原因
1#		
2#		
3#		

7　思考题

① 根据氧化剂浓度对"铅树"生长速度影响的实验结果,能否将其引申得出这样的结论:凡是电池电动势愈大的反应,一定进行得愈快?

② 在反应 $2Cu + Pb^{2+} + S^{2-} = Cu_2S\downarrow + Pb$ 中,生成物为什么不是 CuS 而是 Cu_2S?

实验 12　化学反应速率与活化能

1　实验目的

① 了解浓度、温度和催化剂对化学反应速率的影响。

② 加深对活化能的理解,并练习采用 Origin 软件处理实验数据的方法。

③ 测定过二硫酸与碘化钾反应的反应速率,并计算反应级数、反应速率常数及反应活化能。

2　实验原理

在水溶液中,过二硫酸铵 $(NH_4)_2S_2O_8$ 和 KI 发生如下反应:

$$S_2O_8^{2-} + 3I^- = 2SO_4^{2-} + I_3^- \tag{1}$$

该反应的平均反应速率可用下式表示:

$$v = -\Delta[S_2O_8^{2-}]/\Delta t = k[S_2O_8^{2-}]^m[I^-]^n$$

式中,v 为平均反应速率;$\Delta[S_2O_8^{2-}]$ 为 Δt 时间内 $S_2O_8^{2-}$ 的浓度变化;$[S_2O_8^{2-}]$ 和 $[I^-]$ 分别为 $S_2O_8^{2-}$ 与 I^- 的起始浓度;k 为反应速率常数;m 与 n 之和为反应级数。

为了测定 Δt 时间内 $S_2O_8^{2-}$ 的浓度变化,在将 $(NH_4)_2S_2O_8$ 溶液和 KI 溶液混合的同时,加入一定体积的已知浓度的 $Na_2S_2O_3$ 溶液和淀粉溶液,在反应(1)进行的同时,还发生如下反应:

$$2S_2O_3^{2-} + I_3^- = S_4O_6^{2-} + 3I^- \tag{2}$$

反应(2)的速度比反应(1)快得多,因此反应(1)生成的 I_3^- 立即与 $S_2O_3^{2-}$ 作用,生成无色的 $S_4O_6^{2-}$ 和 I^-。所以在开始的一段时间内,观察不到碘与淀粉反应而显示的特有蓝色。一旦 $S_2O_3^{2-}$ 耗尽,反应(1)继续生成的微量碘就立即与淀粉溶液作用,溶液显蓝色。

比较反应式(1)和反应式(2)可知:

$$\Delta[S_2O_8^{2-}] = \frac{\Delta[S_2O_3^{2-}]}{2}$$

记录从反应开始到溶液出现蓝色所需要的时间 Δt。由于在 Δt 时间内 $S_2O_3^{2-}$ 全部耗尽,因

此由 $Na_2S_2O_3$ 的起始浓度即可求出 $\Delta[S_2O_8^{2-}]$,进而可以计算反应速率 $-\Delta[S_2O_8^{2-}]/\Delta t$。

对反应速率表示式 $v = k[S_2O_8^{2-}]^m[I^-]^n$ 的两边取对数,得到

$$\lg v = m\lg[S_2O_8^{2-}] + n\lg[I^-] + \lg k$$

当 $[I^-]$ 不变时,以 $\lg v$ 对 $\lg[S_2O_8^{2-}]$ 作图,可得一条直线,斜率即为 m。同理,当 $[S_2O_8^{2-}]$ 不变时,以 $\lg v$ 对 $\lg[I^-]$ 作图,可求得 n。

求出 m 和 n 后,再由 $k = v/([S_2O_8^{2-}]^m[I^-]^n)$,求得反应速率常数 k。

反应速率常数 k 与反应温度 T 一般有以下关系:

$$\lg k = \lg A - E_a/(2.303RT) \tag{3}$$

式中,E_a 为反应的活化能,R 为气体常数,T 为绝对温度。测出不同温度时的 k 值,以 $\lg k$ 对 $1/T$ 作图,可得一直线。由直线斜率(即 $-E_a/(2.303R)$)可求得反应活化能 E_a。

3 实验物品

(1) 仪器

烧杯(100 mL),量筒(25 mL),温度计,秒表。

(2) 试剂

KI($0.20\ mol \cdot L^{-1}$),$Na_2S_2O_3$($0.010\ mol \cdot L^{-1}$),$(NH_4)_2S_2O_8$($0.20\ mol \cdot L^{-1}$),KNO_3($0.20\ mol \cdot L^{-1}$),$(NH_4)_2SO_4$($0.20\ mol \cdot L^{-1}$),$Cu(NO_3)_2$($0.020\ mol \cdot L^{-1}$),0.2%淀粉溶液。

4 实验步骤

(1) 浓度对化学反应速率的影响——求反应级数

参见表 5.14,室温下量取 20.0 mL $0.20\ mol \cdot L^{-1}$ 的 KI 溶液,8.0 mL $0.010\ mol \cdot L^{-1}$ 的 $Na_2S_2O_3$ 溶液和 4.0 mL 0.2%的淀粉溶液[a],于 100 mL 烧杯中混匀,然后量取 20.0 mL $0.20\ mol \cdot L^{-1}$ 的 $(NH_4)_2S_2O_8$ 溶液[b],迅速倒入烧杯中,同时开启秒表,并不断搅拌,仔细观察。当溶液刚出现蓝色时,立即停止秒表,记录反应时间和室温。

表 5.14 不同实验组的试剂用量

实 验 序 号		I	II	III	IV	V
试剂用量(mL)	$0.20\ mol \cdot L^{-1}$ 的 $(NH_4)_2S_2O_8$(aq)	20	10	5	20	20
	$0.20\ mol \cdot L^{-1}$ 的 KI(aq)	20	20	20	10	5
	$0.010\ mol \cdot L^{-1}$ 的 $Na_2S_2O_3$(aq)	8	8	8	8	8
	0.2%淀粉溶液	4	4	4	4	4
	$0.20\ mol \cdot L^{-1}$ 的 KNO_3(aq)	0	0	0	10	15
	$0.20\ mol \cdot L^{-1}$ 的 $(NH_4)_2SO_4$(aq)	0	10	15	0	0

计算各实验组的反应速率 v。

用表 5.14 中实验 I、II、III 的数据作 $\lg v \sim \lg[S_2O_8^{2-}]$ 图,求出 m;用实验 I、IV、V 的数

据作 $\lg v \sim \lg [I^-]$ 图,求出 n。

求出 m 和 n 后,再算出各实验的反应速率常数 k,将数据与计算结果填入实验报告中。

(2) 温度对化学反应速率的影响——求活化能

依照表中编号为Ⅳ的实验组用量,将 KI、$Na_2S_2O_3$、KNO_3 和淀粉溶液加入至 100 mL 烧杯中,将 $(NH_4)_2S_2O_8$ 溶液加在另一个烧杯中,并将它们同时放在冰水浴中冷却。等烧杯中的溶液都冷却到 0 ℃左右时,把 $(NH_4)_2S_2O_8$ 溶液加入至 KI 的混合溶液中,同时开启秒表,并不断搅拌。当溶液刚出现蓝色时,立即停止秒表,记下反应时间。

在约 10 ℃、20 ℃、30 ℃的条件下,重复以上实验,即可得到四种温度(0 ℃、10 ℃、20 ℃、30 ℃)下的反应时间。计算四种温度下的反应速率及速率常数,将数据及计算结果填入实验报告中。

用各次实验的 $\lg k$ 对 $1/T$ 作图,求出反应(1) 的活化能。

(3) 催化剂对反应速率的影响

$Cu(NO_3)_2$ 催化 $(NH_4)_2S_2O_8$ 氧化 KI 的反应:依照表中编号为Ⅳ的实验组用量,将 KI、$Na_2S_2O_3$、KNO_3 和淀粉溶液加入至 100 mL 烧杯中,再加入 1 滴 0.020 mol·L^{-1} 的 $Cu(NO_3)_2$ 溶液,搅匀,然后迅速加入 $(NH_4)_2S_2O_8$ 溶液,计时,搅拌。将 1 滴 $Cu(NO_3)_2$ 溶液改成 2 滴和 3 滴,分别重复上述试验。将结果填入实验报告的表中。将该实验的反应速率与步骤(2)中室温下得到的反应速率进行比较,得出结论。

5　注意事项

［a］　量取每种试剂所用量筒都要贴上标签,以免混淆。

［b］　$(NH_4)_2S_2O_8$ 溶液必须最后加入,加入后立即计时。

6　思考题

① 下列情况对实验结果有何影响?

a. 取用六种试剂的量筒没有专门分开;

b. 先加 $(NH_4)_2S_2O_8$ 溶液,最后加 KI 溶液。

② 实验中 $Na_2S_2O_3$ 的用量过多或过少,会对实验结果造成什么影响?

第 6 章 综 合 实 验

实验 13　柠檬酸法制备固体燃料电池 SDC 粉体

1　实验目的

① 了解固体燃料电池的概念。
② 掌握复合粉体的制备方法。

2　实验原理

固体氧化物燃料电池（Solid Oxide Fuel Cell,SOFC）属于第四代燃料电池,是一种在中高温下将储存在燃料和氧化剂中的化学能直接转化成电能的全固态化学发电装置。SOFC 的最大特点是能量转化效率不受"卡诺循环"限制,高达 $60\% \sim 80\%$,因此其使用效率是普通内燃机的 $2 \sim 3$ 倍。此外,它还具有燃料适应性广、模块化组装、零污染、低噪声、比功率高等优点,可以直接使用氢气、一氧化碳、天然气、液化气、煤气等多种碳氢燃料。SOFC 作为一类新型高效的洁净能源,已得到了广泛应用。如图 6.1 所示。

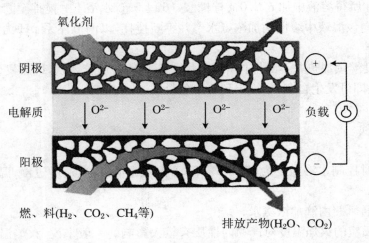

图 6.1　固体氧化物燃料电池工作原理示意图

固体氧化物燃料电池的原理是一种电化学装置,其组成部分为:电解质、阳极或燃料极、阴极或空气极和连接体或双极板。

氧化钐掺杂的氧化铈 $Ce_{0.8}Sm_{0.2}O_{1.9}$(Sm 取代 Ce 20%的位置,Sm-doped-Ce,简称 SDC),是中温固体氧化物燃料电池(IT-SOFC,工作温度 400~700 ℃)的电解质材料,实验室中主要采用柠檬酸法、甘氨酸法和固相法制备。本实验采用柠檬酸法制备 SDC 粉体。该粉体具有活性高、易于烧结、中温工作时导电性能佳、稳定性高的特点。

在反应中,柠檬酸作为燃料,硝酸盐作为氧化物。当柠檬酸与金属离子络合后,对其加热,会形成凝胶,进一步加热胶,最后发生自燃,生成黄白色粉体。在 600 ℃煅烧 2 h 后,利用 X 射线衍射成相。再利用 X 射线衍射、热分析、透射电镜等手段对产品理化性能进行表征。

3 实验物品

(1)仪器

台秤,加热装置,滴管,烧杯,量筒,玻璃棒。

(2)试剂

$Sm_2O_3(s)$,$Ce(NO_3)_3 \cdot 6H_2O(s)$,柠檬酸(s),浓氨水,浓硝酸。

(3)材料

pH 试纸。

4 实验步骤

(1)燃料电池 SDC 粉体的制备

① 将 2.5 mL 浓硝酸缓慢滴入盛有 10 mL 蒸馏水的烧杯中,搅拌均匀,待溶液自然冷却后加入 0.20 g Sm_2O_3,搅拌使其完全溶解;

② 称量 2.17 g $Ce(NO_3)_3 \cdot 6H_2O$,缓慢加入上述溶液中,搅拌至完全溶解;

③ 往步骤②所得溶液中加入 2.0 g 柠檬酸,(60±5)℃水浴下[a]搅拌至固体完全溶解。保持水温条件下,向该溶液中缓慢滴加浓氨水[b]并不断搅拌,以调节体系 pH 为 7~8,继续搅拌30 min。

④ 升高温度继续加热并不断搅拌,溶液逐渐变黏稠,形成胶体状,最后发生板结。此时用玻璃棒轻轻一点即可发生自燃,最终得到黄白色粉体[c]。

5 注意事项

[a] 加热时控制水浴温度为(60±5)℃,若温度太低,反应速度过慢;温度太高,可能导致副反应发生。

[b] 请在通风橱内滴加浓氨水。

[c] 燃烧反应的火焰温度对产物的性质有较大影响。一般来说,火焰温度越高,产物的结晶程度越好,晶体尺寸也越大,但是也容易发生烧结,降低粉体的比表面积,易于团聚。因此

需要选择合适的燃料以获取粒度小、团聚弱的粉体。

　　一般认为，采用柠檬酸作燃料制备得到的样品粒度较为均匀，在烧结前后都能保持良好的分散度。

6　思考题

　　① 滴加氨水的过程中有什么现象发生？分别生成什么物质？
　　② 若在体系浓缩过程中出现混浊，试说明是何原因造成的？该采取什么措施？
　　③ 能否用其他物质代替柠檬酸？试举例。

7　实验拓展

　　目前已有的电池从宏观角度来说，主要可以分为以下三大类：① 燃料电池；② 一次电池；③ 二次电池。下文主要介绍近些年发展迅速的燃料电池和二次电池。

1. 燃料电池

　　燃料电池是一种把燃料的化学能直接转换成电能的一种能量转化装置。只要连续供给燃料，燃料电池便能连续发电，而且基本不产生污染物。由于燃料电池直接把燃料的化学能中的吉布斯自由能转换成电能，因而不受卡诺循环效应的限制，理论可达到 100% 的热效率。燃料电池被誉为是继水力、火力、核电之后的第四代发电技术。

　　1839 年，英国的 William R. Grove 发明了燃料电池，使用铂黑为电极催化材料，氢气和氧气作为燃料（见图 6.2），使用此燃料电池点亮了伦敦讲演厅的照明灯，并揭开了燃料电池研究的序幕。

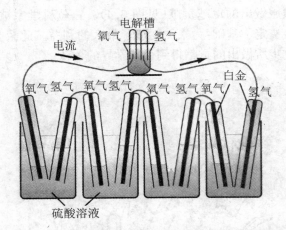

图 6.2　William R. Grove 爵士进行的气体电池实验

　　燃料电池发电原理与二次电池相似，电解质隔膜两侧同时发生氢的氧化反应和氧的还原反应，反应产物为水，产生的电子通过外电路做功并再回到内电路从而维持电荷平衡[1]（见图 6.3）。但与原电池不同的是，燃料电池的反应物没有预先存储于电池内部，电池内部只有促进反应效率的催化剂，需要反应放电时再分别通入氧气和燃料气。因此，燃料电池属于能量转化装置,而不是常规电池的能量储存装置。[2]

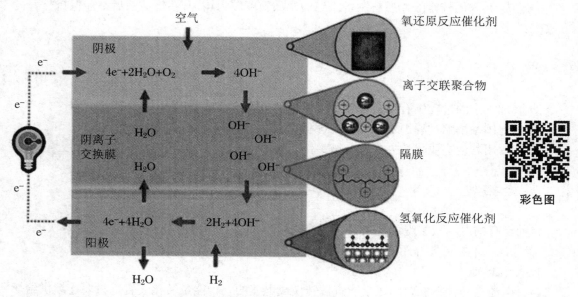

图 6.3　氢氧燃料电池工作原理

2. 锂离子电池

锂离子电池作为 20 世纪伟大的发明之一,具有比能量高、循环寿命长、无记忆性以及自放电率低等优势,目前已经广泛应用到人类生活的方方面面。[3] 2019 年 10 月,瑞典皇家科学院将 2019 年诺贝尔化学奖授予美国德州大学奥斯汀分校的 John B. Goodenough 教授、纽约州立大学宾汉姆顿分校 M. Stantley Whittingham 教授和日本化学家 Akira Yoshino,以表彰他们在锂离子电池研究领域做出的卓越贡献(见图 6.4)。三位科学家被组委会评为"他们为无线和无化石燃料的社会奠定了基础,为人类创造了最大的利益。"此荣誉也反映了锂离子电池对人类社会科学技术进步所做出的贡献得到了科学界的公认。

图 6.4　2019 年诺贝尔化学奖的三位获奖者

锂离子电池由正极、负极、隔膜和电解液组成，正极材料和负极材料都可以嵌入或者脱出 Li^+。锂离子电池的工作原理类似摇椅，充放电过程中 Li^+ 在正负极间来回穿梭，从一边"摇"到另一边，从而实现电池的充放电过程，所以又称为"摇椅式"电池。[4] 以石墨作为负极、正极的电池为例，其充放电化学反应具体表现为：

充电时，锂离子从正极脱嵌，经过电解质嵌入负极碳层的微孔结构中。嵌入的锂离子越多，充电容量越高。

$$LiCoO_2 \longrightarrow Li_{1-x}CoO_2 + xLi + xe$$

放电时，嵌在负极碳层中的锂离子脱出，又运动回正极。回正极的锂离子越多，放电容量越高。

$$Li_{1-x}CoO_2 + xLi + xe \longrightarrow LiCoO_2$$

从充放电反应的可逆性看，锂离子电池是一种理想的可逆反应电池。其大致的工作原理如图 6.5 所示。

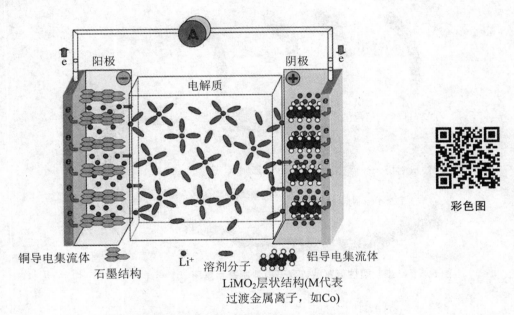

图 6.5　锂离子电池工作原理示意图

此外，固态锂离子电池在近些年是极具潜力的研究方向。相比传统液态电解液，固态电池的电解质呈固态，不易泄漏和起火燃烧，有效降低了锂离子电池热失控的风险，具有更高的安全性和稳定性。固态电解质可以实现更高的离子传导率和更大的工作温度范围，从而实现更高的电化学性能。虽然固态锂离子电池目前仍存在例如制备成本和界面稳定性等诸多技术问题，但是仍吸引了众多研究机构和产业界的关注，具有非常好的发展前景，在某些领域甚至已经实现了商业化。[5]

3. 锌离子电池

由于锂离子电池的有机电解液非常容易燃烧，同时电池设计成本比较高，因而导致安全隐患和经济挑战，使得锂离子电池技术在未来难以满足日益增长的大规模储能装置的应用需求。

锌离子电池是能够解决上述问题的一种新型储能电池。锌离子电池负极可以直接使用金属锌,金属锌比容量高、资源丰富、安全性好,锌离子电池表现出良好的应用前景。锌离子电池属于二次锌基电池,其电荷存储机制与锂离子电池相似,锌离子(Zn^{2+})在金属锌负极和能够可逆嵌入 Zn^{2+} 的正极材料之间迁移。此外,锌离子电池采用 $ZnSO_4$ 等水基溶液作为电解质,具有安全、无毒、便宜等诸多优点。[6]

目前多数锌离子电池也采用液态电解质,但液态电解质在实际应用中面临着水分解、蒸发、液体泄漏等安全问题。为解决上述问题,研究人员将聚合物或亲水性无机成分引入到 Zn^{2+} 溶液中制备了凝胶电解质。相比于液态电解质,凝胶电解质离子电导率虽然有所降低,但在溶胶凝胶电解质中,水的活度大大降低,从而可以有效抑制正极材料的溶解、锌负极的腐蚀和钝化以及副产物的生成等。另外,凝胶电解质还具有比较好的机械强度和可拉伸性,可以同时作为电解质和隔膜。由于凝胶电解质优异的力学性能,近些年凝胶电解质也在柔性可穿戴电池中表现出良好的应用前景。[7]纤维状柔性可穿戴锌离子电池制备示意图见图 6.6。

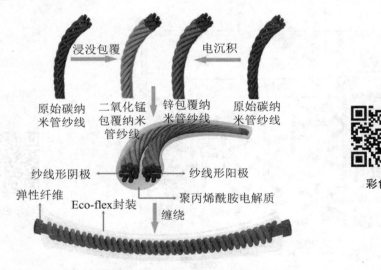

彩色图

图 6.6 纤维状柔性可穿戴锌离子电池制备示意图

参 考 文 献

[1] Yang Y, Cheyenne R, Zeng R, et al. Electrocatalysis in alkaline media and alkaline membrane-based energy technologies[J]. Chemical Reviews, 2022, 122(6):6117-6321.

[2] Liu S W, Li C Z, Zachman M J, et al. Atomically dispersed iron sites with a nitrogencarbon coating as highly active and durableoxygen reduction catalysts for fuel cells[J]. Nature Energy, 2022(7):652-663.

[3] Liu Y J, Tao X Y, Wang Y, et al. Self-assembled monolayers direct a LiF-rich interphase toward long-lifelithium metal batteries[J]. Science, 2022, 375:739-745.

[4] Liu J, Bao Z N, Cui Y, et al. Pathways for practical high-energy long-cycling lithium metal batteries [J]. Nature Energy, 2019(4):180-186.

[5] Xia S X, Wu X S, Zhang Z C, et al. Practical challenges and future perspectives of all-solid-state lithi-

um metal batteries[J]. Chem., 2019(5):753-785.

[6] Xu W W, Wang Y. Recent progress on zinc-lon rechargeable batteries[J]. Nano-Micro Letters, 2019, 11(90). DOI: https://doi.org/10.1007/s40820-019-0322-9.

[7] Li H F, Liu Z X, Liang G J, et al. Waterproof and yailorable elastic rechargeable yarn zinc ion batteries by a cross-linked polyacrylamide electrolyte[J]. ACS Nano, 2018, 12(4). DOI: 10.1021/acsnano.7b09003.

实验 14　可逆温致变色材料的制备

1　实验目的

① 了解温致变色材料的种类和应用。
② 了解温致变色材料的制备方法。
③ 了解温致变色机理及影响因素。

2　实验原理

温致变色材料（Thermochromic Material）是指在温度高于或低于某个特定温度区间发生颜色变化的材料。其中，颜色随温度连续变化的材料称为连续温致变色材料，而只在某一特定温度下发生颜色改变的材料称为不连续温致变色材料；能够随温度升降，反复发生颜色变化的材料称为可逆温致变色材料，而随温度改变只能发生一次颜色变化的材料称为不可逆温致变色材料。

自 20 世纪 80 年代以来，温致变色材料已广泛应用于航天航空、能源化工、日用食品以及科研等各领域，至今已成功开发出多种温致变色材料，如超温报警涂料、温致变色油墨、温致变色瓷釉、传真纸等。由此可见，研究和开发温致变色材料具有重要的经济和社会意义。

温致变色的机理较为复杂，其中无机氧化物的温致变色多与晶体结构的变化有关；无机配合物则与配位结构或水合程度有关；另外，有机分子的异构化也可以引起温致变色。

本实验制备了温致变色材料四氯化铜二乙基铵盐 $[(CH_3CH_2)_2NH_2]_2CuCl_4$，并研究其在不同温度下的变色情况。其原理为：室温下，四个 Cl^- 位于 Cu^{2+} 的四周，形成平面四边形结构，而二乙基铵离子则位于 $[CuCl_4]^{2-}$ 配离子的外围；随着温度的逐渐升高，分子内振动加剧，使得 $N-H\cdots Cl$ 的氢键发生改变，其结构就从扭曲的平面四边形转变为扭曲的四面体结构，颜色也就相应地由亮绿色转变为黄色。可见配合物结构变化是引起其颜色变化的重要因素之一。四氯化铜二乙基铵盐在不同温度下的几何结构示意图如图 6.7 所示。

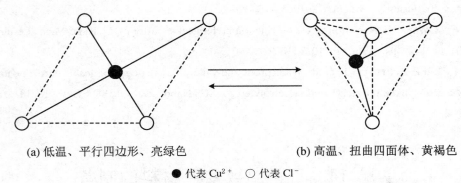

(a) 低温、平行四边形、亮绿色　　　　　(b) 高温、扭曲四面体、黄褐色

● 代表 Cu^{2+}　　○ 代表 Cl$^-$

图 6.7　$[(CH_3CH_2)_2NH_2]_2CuCl_4$ 在低温(a)和高温(b)条件下的几何结构

3　实验物品

(1) 仪器

锥形瓶（50 mL），量筒（10 mL、25 mL），布氏漏斗，抽滤瓶，温度计，循环水泵。

(2) 试剂

盐酸二乙胺$(CH_3CH_2)_2NH_2Cl$，无水氯化铜（s），异丙醇，无水乙醇，3A 分子筛，凡士林。

4　实验步骤

(1) 温致变色材料的制备

称取 3.2 g 盐酸二乙胺，溶于装有 15 mL 异丙醇的 50 mL 锥形瓶中[a]。另称取 1.7 g 无水氯化铜于另一个 50 mL 锥形瓶，加入 3 mL 无水乙醇，微热[b]使其全部溶解。将两个锥形瓶内的溶液混合，加入 3 粒活化的 3A 分子筛，促进晶体的形成。将锥形瓶置于冰水中冷却[c]，析出亮绿色针状结晶。迅速抽滤[d]，并用少量异丙醇洗涤沉淀，将产品四氯化铜二乙基胺盐放入干燥器中保存。

(2) 温致变色现象的观察

取少量产品装入一端封口的毛细管中墩实，并用凡士林将毛细管管口堵住，以防样品吸潮。用橡皮筋将此毛细管固定在温度计上，使样品部位靠近温度计下端水银泡。将带有毛细管的温度计置于水浴中缓慢加热，观察现象，并记录其变色的温度范围。再从热水中取出毛细管，观察样品颜色随温度下降的变化，并记录变色温度范围。

5　注意事项

[a]　本实验所制备的配合物遇水易分解，所用的器皿均应干燥无水。

[b]　加热溶解时勿用水浴，以防水蒸气进入反应溶液从而影响产品结晶。

[c]　在冰水中冷却结晶时，应用塞子将锥形瓶瓶口塞住，防止水蒸气进入。

[d]　四氯化铜二乙基铵盐极易吸潮自溶，抽滤动作要迅速，并且尽量在干燥条件下进行。

6　思考题

① 简述你所知的温致变色材料在日常生活及科研领域的应用。
② 查阅资料,简述温致变色的基本原理。

7　拓展内容

温致变色材料是一种智能材料,其颜色会随温度变化而发生变化。温致变色材料的特点是对温度具有记忆功能,在航空航天、军事、防伪技术、建筑等领域具有巨大的潜在应用前景。

由于目前大部分热致变色材料是不可降解、有毒、或者不环保的,科研工作者对开发绿色温致变色材料产生浓厚兴趣,使绿色热致变色材料成为一个新兴的研究领域。[1]

毕等人基于绿色均质体系(氢氧化钾/尿素)合成羟丁基壳聚糖(HBC),当温度超过其临界相变温度时,HBC 可以在去离子水中从溶解态转变为纳米水凝胶态,并且该过程可以重复50 个循环以上(一个循环/天)而不发生凝结(见图 6.8)。该纳米水凝胶溶液表现出浓度和温度依赖性的紫外线吸收和可见光调节,在智能窗户方面具有巨大应用潜力。[2]

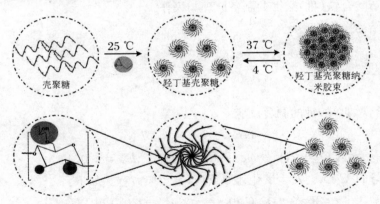

图 6.8　HBCs 的制备及 HBCs 纳米水凝胶的组装机制

刘等人通过水和十八烷基三氯硅烷(OTS)在水包油乳液界面上的反应,开发了一种无毒的氯酚红(CPR)－水热致变色系统及其带有有机硅壳的微胶囊。所得微胶囊表现出明显的颜色变化且完全可逆,并成功用作印刷油墨和薄膜添加剂。通过细胞毒性测定证明微胶囊和薄膜均无毒性。这些特性使得这些新型材料适用于下一代智能传感器、涂料和食品包装材料。[3]

参 考 文 献

[1] Crosby P H N, Netravali A N. Green thermochromic materials:a brief review[J]. Advanced Sustainable Systems, 2022, 6 (9). DOI:10.1002/adsu.2022.2200208.

[2] Bi S C, Feng C, Wang M Y, et al. Temperature responsive self-assembled hydroxybutyl chitosannanohydrogel based on homogeneous reaction for smart window [J]. Carbohydr. Polym. 2020, 229:115557.

[3] Liu B X, Mazo A R, Gurr P A, et al. Reversible nontoxic thermochromic microcapsules[J]. ACS Appl. Mater. Interfaces, 2020, 12(8):9782-9789.

实验 15　三草酸合铁(Ⅲ)酸钾的合成及草酸根与铁含量测定

第 1 部分　三草酸根合铁(Ⅲ)酸钾的合成

1　实验目的

① 学习三草酸合铁(Ⅲ)酸钾的制备原理与操作。

② 掌握重结晶操作。

2　实验原理

三草酸根合铁(Ⅲ)酸钾的制备反应：

$$Fe^{3+} + e \Longrightarrow Fe^{2+}, \quad E^{\ominus} = 0.77 \text{ V}$$

$$CO_2 + 2H^+ + 2e \Longrightarrow H_2C_2O_4, \quad E^{\ominus} = -0.49 \text{ V}$$

似乎 Fe^{3+} 与 $H_2C_2O_4$ 会发生氧化还原反应，其反应方程式如下：

$$2Fe^{3+} + H_2C_2O_4 \Longrightarrow 2Fe^{2+} + 2CO_2 + 2H^+$$

但由于 $C_2O_4^{2-}$ 可以作为一个配位体，它与 Fe^{3+} 形成稳定的配离子 $[Fe(C_2O_4)_3]^{3-}$

$$Fe^{3+} + 3C_2O_4^{2-} \Longrightarrow [Fe(C_2O_4)_3]^{3-}$$

与 K^+ 形成：

$$3K^+ + [Fe(C_2O_4)_3]^{3-} \Longrightarrow K_3[Fe(C_2O_4)_3]$$

所以不发生氧化还原反应。

$K_3[Fe(C_2O_4)_3]$ 在 0 ℃ 左右溶解度很小，析出绿色的 $K_3[Fe(C_2O_4)_3]$ 晶体。

总反应式如下：

$$FeCl_3 + 3K_2C_2O_4 \Longrightarrow K_3[Fe(C_2O_4)_3] + 3KCl$$

3 实验物品

(1) 仪器

烧杯(100 mL、400 mL),量筒(10 mL、25 mL),玻璃棒,布氏漏斗,抽滤瓶,循环水泵。

(2) 试剂

草酸钾($K_2C_2O_4 \cdot H_2O$),三氯化铁溶液($0.40 \ g \cdot mL^{-1}$)。

4 实验步骤

(1) 三草酸根合铁(Ⅲ)酸钾的制备

称取 6 g 草酸钾置于 100 mL 烧杯中,注入 10 mL 热蒸馏水,加热(温度低于 90 ℃),使草酸钾全部溶解,继续加热至近沸时,边搅拌边加入 4 mL 三氯化铁溶液($0.40 \ g \cdot mL^{-1}$)。将此溶液冷却至室温后,再置于冰水中冷却至 5 ℃ 以下,即有大量晶体析出,减压抽滤,得到粗产品。

(2) 产物重结晶与称重

将粗产品溶于 10 mL 热的蒸馏水中,趁热过滤,将滤液室温冷却后再在冰水中冷却,待结晶完全后,抽滤,并用少量冰蒸馏水洗涤晶体。取下晶体,用滤纸吸干,计算产率。

5 思考题

① 制备三草酸根合铁(Ⅲ)酸钾晶体时,为什么要用冰蒸馏水洗涤?

② 试用离子交换树脂设计一个测定三草酸根合铁(Ⅲ)酸钾配离子所带电荷数的实验。

第2部分 三草酸根合铁(Ⅲ)酸钾中铁含量的测定

1 实验目的

① 掌握邻二氮菲分光光度法测定铁含量的方法。

② 学习使用分光光度计的基本操作及数据处理方法。

③ 了解三草酸根合铁(Ⅲ)酸钾的光化学性质。

2 实验原理

(1) 邻二氮菲分光光度法

分光光度法是基于在特定波长处或一定波长范围内对光的吸收度,对该物质进行定性或定量分析的方法。为了使测定获得较高的灵敏度和准确度,应合理选择显色剂和显色条件,并选用合适的波长和参比溶液,在符合朗伯-比尔定律的浓度范围内进行测定。

朗伯-比耳定律：当一束平行的单色光通过均匀的有色溶液后，溶液的吸光度（A）与溶液浓度（c）和液层的厚度（b）的乘积成正比。

$$A = \lg I_0 / I_t = -\lg T = \varepsilon bc$$

式中，I_0 为入射光强；I_t 为透射光强；T 为透光率；ε 为摩尔吸光系数；b 为液层厚度（光程长度）；c 为被测物浓度

（2）三草酸根合铁（Ⅲ）酸钾的光敏性

$K_3[Fe(C_2O_4)_3]$ 晶体是很稳定的，但它的水溶液见光后，特别是在能量高的紫外光照射下，发生分解反应：

$$2[Fe(C_2O_4)_3]^{3-} \xrightarrow{h\nu} 2[Fe(C_2O_4)_3]^{3-*} \xrightarrow{h\nu} 2Fe^{2+} + 2CO_2\uparrow + 5C_2O_4^{2-}$$

邻二氮菲（Phen）是测定微量铁（Ⅱ）灵敏度高、选择性强的试剂，邻二氮菲分光光度法是微量铁测定的常用方法。在酸度为 pH 2～9 的溶液中，邻二氮菲与 Fe^{2+} 生成稳定的橘红色配合物：

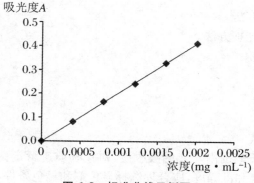

该配合物 $\lg \beta_3 = 21.3$（20 ℃），摩尔吸光系数 $\varepsilon_{508} = 1.1 \times 10^4$。此外，邻二氮菲与 Fe^{3+} 也生成 3∶1 的淡蓝色配合物，其 $\lg \beta_3 = 14.1$。因此，在显色之前 pH＜3 时应用盐酸羟胺（$NH_2OH \cdot HCl$）将 Fe^{3+} 全部还原为 Fe^{2+}：

$$2Fe^{3+} + 2NH_2OH \cdot HCl = 2Fe^{2+} + N_2\uparrow + 4H^+ + 2H_2O + 2Cl^-$$

然后加入邻二氮菲及醋酸钠（NaAc）控制到测定的 pH。

分光光度法测定物质的含量，一般采用标准曲线法（又称工作曲线法），即配制一系列浓度由小到大的标准溶液，在规定条件下依次测出各标准溶液的吸光度（A），在被测物质的一定浓度范围内，溶液的吸光度与其浓度呈直线关系，以溶液的浓度为横坐标、相应的吸光度（A）值为纵坐标，绘制出标准曲线（图 6.9）。测定未知样时，操作条件应与测绘标准曲线时相同，根据测得吸光度值从标准曲线上查出相应的浓度值，就可计算出样品中被测物质的含量。在测未知样品前，要先做吸收曲线（图 6.10）确定合适的测量波长，原则是吸收最大干扰最小。需要对溶剂、溶液酸度、显色剂用量、显色时间、温度以及共存离子干扰及其消除等做系列条件实验。

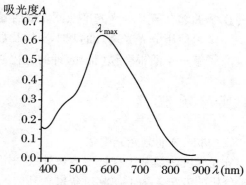

图 6.9　标准曲线示例图　　　　　　　　图 6.10　吸收曲线示例图

3　实验物品

（1）仪器

721 分光光度计（每台配有 4 个 1 cm 比色皿），移液管（20 mL），吸量管（5 mL），容量瓶（250 mL），烧杯（100 mL、250 mL），量筒（5 mL、10 mL），滴管，吸耳球。

（2）试剂

盐酸羟胺溶液（10%），邻二氮菲溶液（0.1%），醋酸钠溶液（10%），盐酸（1∶1），标准铁（Ⅱ）溶液（0.01 mg·mL^{-1}）。

4　实验步骤

（1）测绘吸收曲线

用吸量管吸取铁标准溶液 1.00 mL、2.00 mL、3.00 mL、4.00 mL、5.00 mL 分别注入 25 mL 比色管中，另取一个空的 25 mL 比色管，分别向 6 个比色管中加入 1.00 mL 10% $NH_2OH·HCl$、2.00 mL Phen 及 2.00 mL NaAc，用水稀释至刻度（见表 6.1）[a]。比色管的容量精度能满足一般光度分析实验的要求，也可以使用容量瓶配制溶液。

表 6.1　试剂用量

Fe(Ⅱ)标准（mL）	0.00	1.00	2.00	3.00	4.00	5.00
$NH_2OH·HCl$（mL）	1.00					
Phen（mL）	2.00					
NaAc（mL）	2.00					
H_2O（mL）	稀释到比色管 25 mL 刻度线					

放置 10 min 后，用 1 cm 比色皿，以试剂空白为参比，测定含有 5.00 mL Fe(Ⅱ)的溶液在 430～600 nm 范围内的吸光度，490～520 nm 之间每隔 5 nm 测定一次吸光度，其他波长区域内 20 nm 测定一次吸光度[b]。

以波长为横坐标、吸光度为纵坐标绘制吸收曲线，选择最大吸收波长作为实验测定所使用的适宜波长。

（2）标准曲线的绘制

按上述所取得波长，测量每种标准溶液的吸光度，以标准溶液的浓度为横坐标，溶液相应的吸光度为纵坐标，绘制标准曲线。

（3）未知样品中铁含量的测定

精确称取 0.24～0.26 g（±0.0002 g）晶体，加入 2 mL 1∶1 HCl，加入适量水溶解后，转移至 250 mL 容量瓶中并用蒸馏水稀释至刻度线，将容量瓶中的溶液全部转入已洗净并烘干的烧杯中。

用移液管从烧杯中移取 20.00 mL 溶液至已洗净的 250 mL 容量瓶中，用蒸馏水稀释至刻度。将容量瓶中的溶液倒入已洗净并烘干的小烧杯约 50 mL，将此溶液放入紫外灯下照射约半小时后取出。分别移取照射过的溶液各 3.50 mL 于两支 25 mL 比色管中，分别加入 1.00 mL 10% $NH_2OH \cdot HCl$、2.00 mL Phen、2.00 mL NaAc，用水稀释至刻度线（表 6.1），摇匀并放置 10 min，用选定波长测定吸光度。通过标准曲线，求得未知样。

5　注意事项

［a］　注意加液的顺序，及不要污染试剂。

［b］　每调换一次波长需调空白试剂的透光率为 100%。

6　思考题

① 本实验测定 Fe(Ⅱ)溶液浓度的原理是什么？测出的浓度是全铁、Fe(Ⅱ)还是 Fe(Ⅲ)的浓度？

② 实验完成后，你认为采用分光光度法进行测定时，应该选择的条件有哪些？

③ 使用分光光度计需注意哪些问题？

7　拓展内容

光化学反应是物质在光的作用下获得能量而发生化学变化的过程。光作为维持地球生命活力的直接能源，催动无数化学反应的进行，众所周知的光合作用、染料的光褪色、塑料的光老化、指甲油的光固化……光化学反应在我们的身边无处不在[1]。

1842 年，英国约翰·赫谢尔爵士发明了氰版摄影法，俗称蓝晒法。蓝晒是典型的光化学反应，它通过光敏物质捕捉太阳光中的紫外线，发生光化学反应。其原理为铁离子与配体如草酸盐或柠檬酸盐在紫外线的作用下发生反应被还原成亚铁离子，然后亚铁离子与铁氰化物反应生成亚铁氰化铁（又名普鲁士蓝）。

$$Fe^{2+} + \left[Fe(CN)_6\right]^{3-} + K^+ \rightleftharpoons KFe\left[Fe(CN)_6\right]$$

普鲁士蓝吸附在相纸上，显示出美丽的蓝色图像。国内的蓝晒工艺最早见文于 1958 年，常被用于地形地貌图和建筑图纸的绘制，是生产与科研、建设中常见的图形影印资料，直至 20 年前才逐渐在艺术和摄影领域有所发展[2]。

蓝晒作为一种结合了科学和艺术的摄影技术，既依赖于光敏化学反应的科学原理，又通过独特的色彩和质感展现出艺术上的美感，如图 6.11 展示了不同媒介上的蓝晒作品。

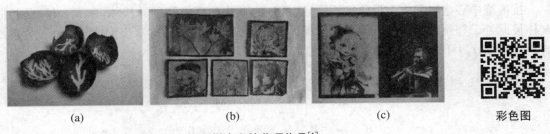

图 6.11 不同媒介上的蓝晒作品[1]

(a)　　　　　(b)　　　　　(c)　　　　　彩色图

参考文献

[1] 吕小兰,胡昱,吴思豪,等.借光执笔的"蓝色精灵":蓝晒中奇妙的光化学反应大学化学,2022,37(5).
DOI:10.3866/PKU.DXHX202111031.
[2] 单珊珊.基于蓝晒技艺的丝绸文创产品设计与应用[D].杭州:浙江理工大学,2020.

三草酸合铁(Ⅲ)酸钾的合成及草酸根与铁含量测定实验视频

实验 16　顺、反式-二甘氨酸合铜(Ⅱ)水合物的制备及其铜含量测定

第 1 部分　顺、反式-二甘氨酸合铜(Ⅱ)水合物的制备

1　实验目的

① 熟练掌握合成无机配合物的制备原理和制备方法。
② 巩固溶解、水浴加热、抽滤、沉淀洗涤、结晶等基本实验操作技能。
③ 学习利用异构体的不同物理性质进行提纯的方法。

2　实验原理

配合物的几何异构现象是指化学组成完全相同,由于配体围绕中心金属离子的排列不同而产生的异构现象,主要发生在配位数为 4 的平面结构和配位数为 6 的八面体结构的配合物中,以顺式/反式异构体与面式/经式异构体的形式存在。

　　按围绕中心金属配体占据位置不同,通常分为顺式和反式两种异构体,顺式(cis-)是相同配体彼此处于邻位,反式(trans-)是相同配体彼此处于对位。不对称双齿配体的平面正方形配合物[M(AB)$_2$]可能有的几何异构现象如图 6.12 所示。

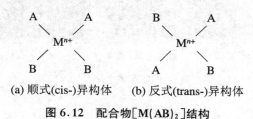

(a) 顺式(cis-)异构体　　　(b) 反式(trans-)异构体

图 6.12　配合物[M(AB)$_2$]结构

　　甘氨酸为双齿配体,能通过 N 和 O 原子与 Cu^{2+} 配位,形成具有五元环的稳定结构。一般而言铜离子为四配位,因此能与两个甘氨酸分子配位形成具有平面四边形结构的配合物——二甘氨酸合铜。

　　二甘氨酸合铜有顺式和反式两种构型。反式构型对称性高,极性小,能溶于非极性溶剂,同时能量更低,也更稳定;顺式构型对称性差,极性大,溶于极性溶剂,同时能量更高,稳定性较差。但生成顺式产物的活化能较小,反应速率较大,所以在低温短时间反应下更易生成顺式产物,而长时间反应或反应温度高则易生成更为稳定的反式产物。

　　本实验中以 $CuSO_4 \cdot 5H_2O$ 为原料,通过中间产物 $Cu(OH)_2$ 与甘氨酸配位制得 cis-$Cu(gly)_2 \cdot xH_2O$ 继而制备 trans-$Cu(gly)_2 \cdot xH_2O$。

　　(1) 氢氧化铜的制备

　　先溶解 $CuSO_4 \cdot 5H_2O$,使之生成 Cu^{2+} 溶液,边搅拌边加 1:1 的氨水,直至生成的沉淀 $Cu_2(OH)_2SO_4$ 完全溶解,得到蓝紫色溶液,生成 $Cu(OH)_2$ 沉淀。

　　(2) 顺式-二甘氨酸合铜(Ⅱ)水合物的制备

　　甘氨酸(gly)为双基配合物,在约 70 ℃条件下,其与 $Cu(OH)_2$ 发生如下反应,得到 cis-二甘氨酸合铜(Ⅱ)配合物:

$$Cu(OH)_2 + 2H_2NCH_2COOH \xrightarrow{70\ ℃} gly\left[\begin{array}{cc} N & N \\ & Cu \\ O & O \end{array}\right]gly \cdot xH_2O$$

　　(3) 反式-二甘氨酸合铜(Ⅱ)水合物的制备由顺式配合物高温加热生成更为稳定的反式配合物。

$$gly\left[\begin{array}{cc} N & N \\ & Cu \\ O & O \end{array}\right]gly \xrightarrow{加热} gly\left[\begin{array}{cc} N & O \\ & Cu \\ O & N \end{array}\right]gly$$

3　实验物品

　　(1) 仪器

　　台秤,数显恒温水浴锅,烧杯,玻璃棒,布氏漏斗,抽滤瓶,刮勺,洗瓶,烘箱。

（2）试剂

$CuSO_4 \cdot 5H_2O(s)$，甘氨酸(s)，$KI(s)$，氨水$(1:1)$，$NaOH(3\ mol \cdot L^{-1})$，$BaCl_2(1\%)$，乙醇水溶液$(1:3)$，95% 乙醇，丙酮，$1:3$ 乙醇水溶液。

（3）材料

称量纸，定性滤纸，冰块。

4　实验步骤

（1）氢氧化铜的制备

于 250 mL 烧杯中加入 6.3 g $CuSO_4 \cdot 5H_2O$ 和 20 mL 水，完全溶解后，边搅拌边加入 $1:1$ 的氨水，直至沉淀完全溶解。

加入 25 mL 3 $mol \cdot L^{-1}$ NaOH 溶液，使 $Cu(OH)_2$ 完全沉淀，抽滤[a]，以温水洗涤[b]沉淀至滤液无 SO_4^{2-} 被检出为止（用 $BaCl_2$ 检验[c]），抽干。

（2）顺式-二甘氨酸合铜（Ⅱ）水合物的制备

称取 X g（自行计算）氨基乙酸溶于 150 mL 水中，加入新制的 $Cu(OH)_2$，在 70 ℃ 水浴中加热并不断搅拌，直至使 $Cu(OH)_2$ 全部溶解[d]。

加入 10 mL 95% 乙醇，冰水溶冷却结晶后抽滤。用 $1:3$ 乙醇溶液洗涤晶体，再用 10 mL 丙酮洗涤晶体，抽干，于 50 ℃ 烘 30 min。用滤纸压干晶体，称重，计算产率。

（3）反式-二甘氨酸合铜（Ⅱ）水合物的制备

将部分顺式配合物置于 100 mL 小烧杯中，加入少量水后用小火直接加热至膏状，不断搅拌至转变为蓝紫色鳞片状化合物，继续加热几分钟后停止加热。

边搅拌边加入 100 mL 水，溶解度较大的顺式配合物基本全部溶解。抽滤得到反式配合物，先用水洗，再用乙醇洗，自然干燥。

5　注意事项

[a]　新制备的 $Cu(OH)_2$ 颗粒较小，抽滤时应用双层滤纸，防止穿滤；

[b]　洗涤产品遵循"少量多次"原则，洗涤时不抽滤；

[c]　烧温水 200 mL，分 15 次洗涤，洗到 10 次以上再检验；检验时用洗净的表面皿或试管承接，少量多次；

[d]　氨基乙酸完全溶解后，再加入碾碎的 $Cu(OH)_2$，且不断搅拌；

控制反应时间不可过长（≤10 min），防止顺式转变为反式二甘氨酸合铜（Ⅱ）；

若 $Cu(OH)_2$ 长时间都未全部溶解，则采用倾析法得到上层液体加入 10 mL 95% 乙醇。

6　思考题

① 制备氢氧化铜时要先加氨水生成沉淀，再溶解，然后加 NaOH，重新生成沉淀，此沉淀才是氢氧化铜。能否向 $CuSO_4$ 溶液中直接加入 NaOH 让其生成 $Cu(OH)_2$？为什么？

② 为什么在制备顺式-甘氨酸合铜（Ⅱ）时，用 $1:3$ 乙醇水溶液洗？是否可以直接用乙醇、丙酮洗？

③ 为什么顺式-二甘氨酸合铜（Ⅱ）比反式的在水中的溶解度大？

7 拓展内容

该实验中甘氨酸为双齿配体，能通过 N 和 O 原子与 Cu^{2+} 配位，形成具有五元环的稳定结构。一般而言铜离子为四配位，因此能与两个甘氨酸分子配位形成具有平面四边形结构的配合物，这是一个典型的配位化学的例子。由配位化学衍生出了多孔网状化学，即通过配位键连接构建单元以形成无限延伸的晶体结构，例如使用带电荷的有机配体连接（如羧酸根）通过配位键连接金属离子（如 Cu^{2+}），从而产生金属有机框架材料（MOF）。

Cu 可以与 N 或 O 原子产生配位作用，产生了许多不同拓扑结构的 MOF[1]。这些材料在吸附、催化、传感等领域均有重要应用。列举近几年的研究成果如下：

（1）Cu-HHTP[2]

CuHHTP 是由 Cu^{2+} 与六羟基三亚苯配位所组装成的二维 MOF（图 6.13(a)），在配位过程中，六羟基三亚苯会由于空气中的氧气氧化而呈现半醌－醌的形式，此时 Cu^{2+} 便很容易与 O 进行配位得到无限扩展的网络结构，形成蜂窝状的晶格，层间通过 π-π 相互作用堆积，这种材料具有优异的电学性质（0.2 S·cm^{-1}）。

（2）NiPc-Cu-NH[3]

NiPc-Cu-NH 是由 Cu^{2+} 与八氨基镍酞菁配位所形成的二维 MOF（图 6.13(b)），在配位过程中，八氨基镍酞菁的氨基去质子形成亚氨基，此时 Cu^{2+} 便可以与 N 进行配位得到无限扩展的网络结构，形成四方状的晶格，方孔孔径为 1.8 nm，具有良好的电催化 CO_2 的活性。

彩色图

(a) 蜂窝状网络的 Cu-HHTP MOF　　　(b) 方形网格的 NiPc-Cu-NH MOF
　　　的一般结构表示的俯视图　　　　　　　的一般结构表示的俯视图

图 6.13　一般结构式示意图

参 考 文 献

[1] Xie L S，Skorupskii G，Dincă M. Electrically conductive metal-organic frameworks[J]. Chem. Rev.，2020，120：8536-8580.

[2] Hmadeh M，Lu Z，Liu Z，et al. New Porous Crystals of Extended Metal-Catecholates[J]. Chem.

Mater. 2012, 24(18): 3511-3513.

[3] Meng Z, Luo J, Li W, et al. Hierarchical tuning of the performance of electrochemical carbon dioxide reduction using conductive two-dimensional metallophthalocyanine based metal organic frameworks [J]. J. Am. Chem. Soc., 2020, 142: 21656-21669.

第 2 部分 顺式-二甘氨酸合铜(Ⅱ)水合物的成分分析

1 实验目的

① 熟练掌握碘量法的基本原理和方法。
② 进一步熟悉称量、定容、移液、滴定等基本操作。

2 实验原理

制备的 cis-Cu(gly)$_2$ · xH$_2$O 中铜含量可以用淀粉作指示剂，用碘量法进行测定。根据得到的数据，计算 cis-Cu(gly)$_2$ · xH$_2$O 中的 x 值。

（1）采用间接碘量法测定 Cu 含量

在酸性介质中，Cu(gly)$_2$ 中的 gly 发生了质子化，破坏了配合物，释放出 Cu^{2+}。

当加入 KI 时，Cu^{2+} 先与过量的 I$^-$ 发生反应，被还原为 CuI：

$$2Cu^{2+} + 4I^- \longrightarrow 2CuI \downarrow + I_2$$

再用 Na$_2$S$_2$O$_3$ 标准溶液滴定生成的 I$_2$，以淀粉为指示剂，由所消耗的 Na$_2$S$_2$O$_3$ 标准溶液的体积和浓度计算配合物中铜的含量。

$$I_2 + 2S_2O_3^{2-} \longrightarrow 2I^- + S_4O_6^{2-}$$

由于 CuI 沉淀表面吸附 I$_2$，会使分析结果偏低，为了减少 CuI 对 I$_2$ 的吸附，可在大部分 I$_2$ 被 Na$_2$S$_2$O$_3$ 溶液滴定后，加入 NH$_4$SCN，使 CuI 转化为溶解度更小的 CuSCN 沉淀，从而使被吸附的部分 I$_2$ 释放出来，可以提高结果的准确度。

$$CuI + NH_4SCN \longrightarrow CuSCN \downarrow + NH_4I$$

溶液 pH 一般应控制在 3.0～4.0。酸度过低，Cu^{2+} 水解，使反应不完全，结果偏低，且反应速度慢，终点拖长；酸度过高，则 I$^-$ 被空气中的氧气氧化为 I$_2$，Cu^{2+} 催化该反应，使结果偏高。

（2）Na$_2$S$_2$O$_3$ 标准溶液的标定

采用氧化还原滴定法中的碘量法标定硫代硫酸钠的浓度。

Na$_2$S$_2$O$_3$ 溶液采用 K$_2$Cr$_2$O$_7$（KBrO$_3$、KIO$_3$）基准物质间接滴定，即较强的氧化剂 K$_2$Cr$_2$O$_7$ 在酸性溶液中，先与还原剂 KI 反应析出 I$_2$：

$$Cr_2O_7^{2-} + 6I^- + 14H^+ \longrightarrow 3I_2 + 2Cr^{3+} + 7H_2O$$

析出 I$_2$ 应用碘量法标定硫代硫酸钠的浓度，即：在中性或弱酸性介质中，硫代硫酸钠标准溶液与单质碘定量反应，以淀粉为指示剂，滴定至溶液的蓝色刚好消失即为终点。反应式为

$$I_2 + 2Na_2S_2O_3 \longrightarrow 2NaI + Na_2S_4O_6$$

3 实验物品

(1) 仪器

电子天平,称量瓶,烧杯,容量瓶,吸耳球,移液管,移液管架,锥形瓶,滴定管,滴定台,量筒。

(2) 试剂

$K_2Cr_2O_7$ 标准溶液(250 mL),甘氨酸合铜(自制),$Na_2S_2O_3$ 溶液(0.01 mol·L^{-1},待标定),H_2SO_4(1 mol·L^{-1}),淀粉溶液(1%),硫氰酸铵溶液(10%),碘化钾,HCl(1:3)。

4 实验步骤

(1) 重铬酸钾标准溶液($c_{1/6}K_2Cr_2O_7 = 0.01000$ mol·L^{-1})的配制

用差减法准确称取干燥的(140 ℃烘 2 h)分析纯 $K_2Cr_2O_7$ 固体 0.11～0.13 g($\pm$ 0.0001 g)于 100 mL 的烧杯中,加 50 mL 的蒸馏水使之溶解,定量转移至 250 mL 的容量瓶中,用蒸馏水稀释至刻度,摇匀。计算重铬酸钾标准溶液的浓度。

(2) 0.01 mol·L^{-1} 硫代硫酸钠标准溶液的标定

用移液管准确移取 20.00 mL 的 $K_2Cr_2O_7$ 标准溶液,置于 250 mL 的锥形瓶中,加入 0.5 g KI 固体,3 mL 1:3 HCl,摇匀后加塞或盖上表面皿,放置暗处 5 min。待反应完全后,用蒸馏水稀释至 100 mL。用硫代硫酸钠溶液滴定,当溶液由棕色转变为淡黄色至草绿色时,加入 2 mL 淀粉溶液,继续滴定至溶液蓝色褪去即为终点,记下消耗的 $Na_2S_2O_3$ 溶液体积,平行标定 3 份。计算 $Na_2S_2O_3$ 溶液的浓度。

(3) cis-Cu(gly)$_2$·xH$_2$O 中铜含量的测定

称取 0.45～0.50 g($\pm$ 0.0001 g)样品,置于 250 mL 烧杯中,加入 50 mL 水和 3 mL 1 mol·L^{-1}H$_2$SO$_4$ 溶解,转入 250 mL 容量瓶中,以水稀释至刻度。移取 20.00 mL 此液于 250 mL 锥形瓶中,加入 0.5 g KI 和 50 mL 水,立即以 $Na_2S_2O_3$ 标准溶液滴定,当红棕色变成浅黄色时,加入 3 mL 硫氰酸铵溶液和 2 mL 淀粉溶液,此时溶液的颜色加深,继续以 $Na_2S_2O_3$ 标准溶液滴定至溶液蓝色恰好褪去,30 s 溶液不返蓝时记录 $Na_2S_2O_3$ 标准溶液体积读数。平行滴定三份。计算 cis-Cu(gly)$_2$·xH$_2$O 中铜的含量,并计算 x 值。

5 思考题

① 如何控制体系 pH? pH 过高/过低有什么影响?

② 在测定含铜量时,近终点时为什么要加硫氰酸铵? 如果酸化后立即加入硫氰酸铵溶液,会产生什么影响? 如不加,对结果有什么影响?

顺、反式-二甘氨酸合铜(Ⅱ)水合物的制备及其铜含量测定实验视频

实验 17　碘酸钙的制备及纯度测定

1　实验目的

① 了解复分解反应制备无机化合物的一般原理和步骤。
② 熟练掌握碘量法的原理和操作步骤。
③ 了解钙的常见分析方法,掌握返滴定法测定钙的基本原理。

2　实验原理

（1）碘酸钙的制备原理

碘在酸性条件下被氯酸钾氧化成碘酸氢钾（$KIO_3 \cdot HIO_3$）,经 KOH 中和后,与 $CaCl_2$ 发生复分解反应生成 $Ca(IO_3)_2$,反应方程式如下:

$$2KClO_3 + HCl + I_2 = KIO_3 \cdot HIO_3 + Cl_2 \uparrow + KCl$$

$$KIO_3 \cdot HIO_3 + KOH = 2KIO_3 + H_2O$$

$$2KIO_3 + CaCl_2 = Ca(IO_3)_2 \downarrow + 2KCl$$

（2）碘酸钙纯度及溶度积常数的测定

① 碘酸根离子浓度的测定

利用碘酸钙饱和溶液中的碘酸根离子在酸性条件下与过量的碘化钾反应,以标准硫代硫酸钠溶液滴定反应所产生的碘,根据所消耗的硫代硫酸钠的量,即可计算出碘酸根离子的浓度,从而计算出碘酸钙的纯度。离子方程式如下:

$$IO_3^- + 5I^- + 5H^+ = 3I_2 + 3H_2O$$

$$2S_2O_3^{2-} + I_2 = S_4O_6^{2-} + 2I^-$$

② 钙离子浓度的测定及 K_{sp} 的计算

采用返滴定法测定产品中 Ca^{2+} 的含量。在待测溶液中先加入一定量的过量的 EDTA 标准溶液（H_2Y^{2-}）,使 Ca^{2+} 完全生成 CaY^{2-},再用 Mg 标准溶液滴定剩余的 EDTA。氨性缓冲液调节体系 pH≈10,以铬黑 T(EBT)为指示剂,当溶液由蓝色变为紫红色为滴定终点,即可计算钙离子的浓度,从而计算产品纯度及碘酸钙的溶度积常数 K_{sp}。反应方程式和物质的稳定常数如表 6.2 所示。

表 6.2　返滴定法测钙含量的方程式及主要物质的稳定常数

反应方程式	稳定常数
$Ca^{2+} + H_2Y^{2-} \rightleftharpoons CaY^{2-} + 2H^+$	$\lg K_{CaY} = 10.24$
$Mg^{2+} + H_2Y^{2-} \rightleftharpoons MgY^{2-} + 2H^+$	$\lg K_{MgY} = 8.25$
$Ca^{2+} + EBT \rightleftharpoons CaEBT$	$\lg K_{CaEBT} = 3.80$
$Mg^{2+} + EBT \rightleftharpoons MgEBT$	$\lg K_{MgEBT} = 5.40$

3　实验物品

（1）仪器

圆底烧瓶（100 mL），球形冷凝管，量筒（10 mL、50 mL），水浴锅，磁力搅拌器，烧杯（100 mL），布氏漏斗，抽滤瓶，循环水泵，移液管（20 mL），碘量瓶（250 mL），滴定管（25 mL），容量瓶（250 mL）。

（2）试剂

$I_2(s)$，$KI(s)$，$KClO_3(s)$，30% KOH 溶液，无水乙醇，KIO_3 标准溶液，NaOH（0.10 mol·L^{-1}），HCl（6.0 mol·L^{-1}），H_2SO_4（1 mol·L^{-1}），$CaCl_2$（1 mol·L^{-1}），高氯酸溶液（1∶1），KIO_3 标准溶液（0.015 mol·L^{-1}），$Na_2S_2O_3$ 标准溶液（0.1 mol·L^{-1}），0.5% 淀粉溶液，NaOH（0.10 mol·L^{-1}），EDTA 标准溶液（0.04 mol·L^{-1}），氨性缓冲液（pH≈10），Mg 标准溶液（0.02 mol·L^{-1}），铬黑 T 指示剂，$CaCO_3(s)$，Mg-EDTA 溶液。

（3）材料

pH 试纸。

4　实验步骤

（1）碘酸钙的制备

在 100 mL 圆底烧瓶中依次加入 2.20 g I_2，2.00 g $KClO_3$ 和 45 mL 蒸馏水，滴加 6 mol·L^{-1} 的盐酸调节体系 pH≈1。放入搅拌磁子，装上球形冷凝管，将烧瓶置于 85 ℃水浴锅内反应，直至溶液变为无色。

将反应液转移至烧杯中，滴加 30% KOH 溶液，调节体系 pH≈10。在搅拌下滴加 10 mL 1 mol·L^{-1}的 $CaCl_2$ 溶液，得到白色沉淀，冰水浴中冷却，抽滤，依次用少量冰蒸馏水和无水乙醇洗涤产品，抽干后称量，计算产率。

（2）产品纯度及溶度积常数的测定

① 硫代硫酸钠标准溶液的标定：

移取 20.00 mL 碘酸钾标准溶液于 250 mL 碘量瓶中，加入 1.6 g KI，4 mL 1 mol·L^{-1}的 H_2SO_4，盖上瓶塞，暗处放置 3 min，加入 25 mL 蒸馏水，用硫代硫酸钠标准液滴定至浅黄色。加入 1 mL 0.5%淀粉溶液，继续滴定至蓝色消失为终点。平行滴定三份，计算硫代硫酸钠溶液的浓度。

② 碘酸根离子浓度的测定：

准确称取 0.7 g 自制的碘酸钙（精确至 ±0.0001 g），置于 100 mL 烧杯中，加入 20 mL 高氯酸溶液，微热使试样溶解，冷却后转移至 250 mL 容量瓶中，用水稀释至刻度，摇匀。

移取试液 20.00 mL 置于 250 mL 碘量瓶中，加入 30 mL 水，2 mL 高氯酸溶液和 2 g KI，盖上瓶塞，暗处放置 3 min，加入 50 mL 蒸馏水，用 $Na_2S_2O_3$ 标准液滴定至浅黄色。加入 1 mL 0.5% 淀粉溶液，继续滴定至蓝色消失为终点，平行滴定三份，计算样品中碘酸钙的质量分数。

③ EDTA 的标定：

准确称取 0.70～0.90 g $CaCO_3$（±0.0001 g），置于 100 mL 烧杯中，缓慢滴加 1∶1 HCl 至全部溶解，加 20 mL 水，小火煮沸 2 min，冷却后移入 250 mL 容量瓶，以水稀至刻度，摇匀。移取 20.00 mL 钙标准溶液于 250 mL 锥形瓶中，再加 30 mL 水及 3 mL Mg-EDTA 溶液，再加 5 mL pH≈10 氨性缓冲溶液及 0.1 g EBT，立即继续用 EDTA 溶液滴至紫红色变蓝色（注意，近终点时要慢滴多摇）为终点。平行滴定三次，计算 EDTA 溶液浓度。

④ 钙含量及 K_{sp} 的测定：

称取两份 0.18～0.20 g 样品（精确至 ±0.0001 g）置于 250 mL 锥形瓶中，加入 8 mL 0.10 mol·L^{-1} 的 NaOH 溶液。加入 20.00 mL EDTA 标准溶液，溶解后，加入 10 mL 氨性缓冲溶液（pH≈10）和 0.1 g 固体铬黑 T 指示剂，以 Mg 标准溶液滴定至紫红色为终点，计算 Ca 的百分含量及 K_{sp}。

5　思考题

① 用配位滴定法测定钙含量时，样品的称量范围是怎样确定的？请以计算说明（使用滴定管的规格为 25 mL）。

② 配位滴定法测定钙含量时，为什么要先加 0.10 mol·L^{-1} 的 NaOH 溶液？加入 8 mL 0.10 mol·L^{-1} 的 NaOH 溶液是如何估算得到的？

碘酸钙的制备及纯度测定实验视频频

实验 18　纳米氧化亚铜的制备及在染料废水修复中的应用

1　实验目的

① 学习纳米氧化亚铜的制备原理与方法。

② 探究氧化亚铜活化过硫酸盐体系降解罗丹明 B 的影响因素。

③ 了解基于过硫酸盐的高级氧化技术处理染料废水的原理。

2　实验原理

（1）纳米氧化亚铜的制备

纳米氧化亚铜的制备方法有固相合成、液相合成、水热合成、气相合成、电化学沉积法等。本实验采用液相合成中的化学沉淀法，使用五水合硫酸铜为原料，在碱性条件下生成氧化亚铜的前驱体，再以抗坏血酸作为还原剂对前驱体进行还原，在柠檬酸钠的作用下形成形貌均一的立方体纳米氧化亚铜 c-Cu_2O NPs[1]。

$$Cu^{2+} + 2OH^- \longrightarrow Cu(OH)_2 \downarrow \tag{1}$$

$$\tag{2}$$

$$Cu(OH)_2 \longrightarrow Cu_2O$$

该制备方法装置简单，容易操作，反应现象丰富，能够准确控制化学组成，制得的纳米材料尺寸形貌均匀。

（2）基于过一硫酸盐（PMS）的高级氧化技术

PMS（2$KHSO_5$·$KHSO_4$·K_2SO_4）是一种复合盐，具有强氧化性，能够产生自由基的有效成分是过硫酸氢根（HSO_5^-），已广泛用于土壤、水体中有机污染物的降解。PMS 使用前通常需要经过活化，其活化方式主要有热活化、碱活化、过渡金属离子活化等[2]。活化后 PMS 能够彻底降解有机物直至生成二氧化碳和水。

本实验利用制备的 c-Cu_2O NPs 活化 PMS，Cu(Ⅰ)通过单一电子转移途径激活 PMS 生成·OH、$SO_4^{·-}$，降解工业废水[3]。c-Cu_2O NPs 活化 PMS 的机理如式（3）和（4）所示。

$$Cu(Ⅰ) + HSO_5^- \longrightarrow Cu(Ⅱ) + SO_4^{2-} + ·OH \tag{3}$$

$$Cu(Ⅰ) + HSO_5^- \longrightarrow Cu(Ⅱ) + SO_4^{·-} + OH^- \tag{4}$$

（3）染料废水处理

罗丹明 B（RhB）为一种阳离子型碱性染料，被广泛应用于纺织印染的着色。2017 年世界卫生组织国际癌症研究机构将阳离子型碱性染料列为三类致癌物。本实验以 RhB 溶液模拟工业染料废水,采用 Cu_2O/PMS 体系对其进行氧化降解,降解效率通过分光光度法测量。本实验采用 Vernier 公司生产的微型可见光谱仪测量,该仪器体积小,测量快,如果使用普通的 721 分光光度计效果等同。

3 实验物品

(1) 仪器

量筒,烧杯,微型光谱仪(Vernier),移液枪,离心机,酸度计,加热磁力搅拌器,SEM (JSM-6700F,日本 JEOL 公司),超声清洗仪,紫外灯。

(2) 试剂

五水合硫酸铜($CuSO_4 \cdot 5H_2O$),柠檬酸钠(s),氢氧化钠($0.1~mol \cdot L^{-1}$,$1.25~mol \cdot L^{-1}$),过硫酸氢钾(s),无水乙醇,抗坏血酸($0.03~mol \cdot L^{-1}$),罗丹明 B(s)、盐酸($0.1~mol \cdot L^{-1}$)。

4 实验步骤

(1) c-Cu_2O NPs 的合成

称取 0.38 g 五水合硫酸铜和 0.13 g 柠檬酸钠溶解于 80 mL 蒸馏水中,搅拌溶解后快速加入 20 mL 1.25 $mol \cdot L^{-1}$ 氢氧化钠溶液,观察氢氧化铜沉淀的生成。继续搅拌 15 min 后,向分散液中快速加入 50 mL 0.03 $mol \cdot L^{-1}$ 的抗坏血酸,继续搅拌 3 min 保证生成氧化亚铜的均一性。

室温静置陈化 1 h 后离心,转速设置为 7000 r/min,时间为 3 min。向所得沉淀加入 20 mL 蒸馏水,以 400 W 的功率超声分散 1 min,按前面的离心设置再次离心。如此超声洗涤沉淀两次。再用 10 mL 乙醇洗涤沉淀一次,置于 60 ℃ 真空烘箱中干燥,称量,计算产率。

(2) 制作罗丹明 B 溶液的工作曲线

配制 200 mL 50 $mg \cdot L^{-1}$ RhB 溶液,依次移取此溶液 0.25 mL、0.5 mL、1.00 mL、3.00 mL、4.00 mL,分别转移至 50 mL 容量瓶中定容。使用分光光度计测定浓度为 3 $mg \cdot L^{-1}$ 的 RhB 溶液可见光谱,找到最大吸收波长。在此波长下,测不同浓度 RhB 溶液的吸光度,绘制吸光度-浓度工作曲线。

(3) Cu_2O/PMS 体系氧化降解效能的探究

称取制备得到的 Cu_2O,配制成 0.1 $g \cdot L^{-1}$ Cu_2O 分散液,并配制 0.4 $mol \cdot L^{-1}$ 的 PMS 溶液和 0.5 $g \cdot L^{-1}$ RhB 溶液,用于探究 Cu_2O/PMS 体系氧化降解 RhB 溶液的效果。考虑到实际环境中,不同 pH、温度等因素对染料氧化降解的影响,学生可自行设计不同反应条件下的氧化降解实验。

① 不同组成对 RhB 降解效能的探究

取两份 20 mL 蒸馏水,一份只加入 100 μL RhB 溶液,用于对比;另一份加入 100 μL RhB 溶液和 50 μL PMS 溶液。另取两份 20 mL Cu_2O 分散液,向其中一份中加入 100 μL RhB 溶液,不加 PMS;向另一份分散液中加入 100 μL RhB 溶液和 50 μL 的 PMS 溶液。搅拌分散 3 min,观察对比四份样品的颜色变化情况。

② pH 对 Cu_2O/PMS 体系降解性能的影响

取 100 μL RhB 溶液加入到 20 mL 蒸馏水中,搅拌混匀,利用分光光度计在步骤(2)中测得的最大吸收波长下检测该溶液的吸光度 A_0。

取 20 mL Cu_2O 分散液搅拌混匀,用酸度计测定原始溶液的 pH。

取多份 20 mL Cu_2O 分散液,通过滴加 0.1 mol·L^{-1} HCl 或 0.1 mol·L^{-1} NaOH 调节溶液达到探究的预设 pH,同未调节 pH 的 Cu_2O 分散液一起,各取 20 mL,分别加入 100 μL RhB 溶液和 50 μL PMS 溶液,搅拌 3 min,观察实验现象,测定吸光度,计算降解率,并进行比较。

③ 温度对 Cu_2O/PMS 体系降解性能的影响

取 200 μL RhB 溶液加入到 20 mL 蒸馏水中,搅拌混匀,利用分光光度计在最大吸收波长下检测该溶液的吸光度 A_0。

自主设计不同的反应温度。取多份 20 mL Cu_2O 分散液,在选取的温度下恒温后,分别加入 200 μL RhB 溶液和 50 μL PMS 溶液,盖上表面皿,水浴反应 2 min,观察实验现象。离心分离,取上清液测定吸光度,计算降解率,并进行比较。

④ 其他因素对降解性能的影响

对于超声、紫外照射的影响,设计并实施实验方案,计算降解率。

5 实验结果

参考表 6.3 记录并整理实验数据。

表 6.3 数据记录与整理结果

罗丹明 B 工作曲线						
	空白	Ⅰ	Ⅱ	Ⅲ	Ⅳ	Ⅴ
罗丹明 B 溶液(μL)	0.00	0.25	0.50	1.00	2.00	3.00
溶液中罗丹明 B 浓度(mg/L)						
吸光度						
Cu_2O/PMS 体系氧化降解效能的探究结果比较						
实验组号	1		2	3	4	5
pH						
初始吸光度 A_0						
降解后吸光度						
降解率						
结论						
温度						
初始吸光度 A_0						
降解后吸光度						
降解率						

续表

结论				
超声				
初始吸光度 A_0				
降解后吸光度				
降解率				
结论				
紫外				
初始吸光度 A_0				
降解后吸光度				
降解率				
结论				

6 思考题

① 是否可以直接用蒸馏水保存氧化亚铜? 为什么?

② 实验中为什么要加入柠檬酸钠?

7 拓展内容

氧化亚铜(Cu_2O)作为一种典型的 p 型半导体,是过去几十年研究最深入的过渡金属氧化物之一,其在能量转换、催化剂、传感器等领域都取得令人兴奋的进展[4]。氧化亚铜具有低成本,易于合成的优点外,还能够定制结构呈现不同性能。研究者通过采用不同的材料和方法,可以产生不同粒径、形貌的氧化亚铜[5],如八面体 Cu_2O、十二面体 Cu_2O、空心 Cu_2O、Cu_2O 纳米框架、多孔 Cu_2O 等。

参 考 文 献

[1] Fang Y J, Luan D Y, Chen Y, et al. Rationally designed three-Layered Cu_2S@Carbon@MoS2 hierarchical nanoboxes for efficient sodium storage[J]. Angew. Chem. Int. Ed. , 2020, 59: 7178. DOI: 10.1002/anie.201915917.

[2] Ghanbari F, Moradi M. Application of peroxymonosulfate and its activation methods for degradation of environmental organic pollutants: Review[J]. Chemical Engineering Journal, 2017, 310: 41-62.

[3] Zhu Y, Li D Y, Zuo S Y, et al. Cu_2O/CuO induced non-radical/radical pathway toward highly efficient peroxymonosulfate activation [J]. J Environ Chem. Eng. , 2021, 9 (6). DOI: 016/j. jece. 2021.106781.

[4] Sun S D, Zhang X J, Yang Q, et al. Cuprous oxide (Cu_2O) crystals with tailored architectures: a comprehensive review on synthesis, fundamental properties, functional modifications and applications[J].

Prog. Mater Sci.，2018，96：111-173.

[5]　Koiki B A，Arotiba O A. Cu₂O as an emerging semiconductor in photocatalytic and photoelectrocatalytic treatment of water contaminated with organic substances：a review[J]. RSC Adv.，2020，10：36514-36525.

实验 19　基于电催化还原硝酸盐合成氨的综合实验：铜基催化剂制备表征、性能探究及应用设计

1　实验目的

① 学习铜纳米线的制备原理与方法，学会分析纳米材料的表征结果。
② 巩固电化学基础知识，学习电催化领域的主要研究方法。
③ 应用电催化技术自主设计制备氨产品。

2　实验原理

（1）铜基催化剂制备
铜基催化剂被认为是最有潜力的电催化还原硝酸盐催化剂之一，在本工作中制备了铜纳米线（CuNW）和钌掺杂铜纳米线（Ru-CuNW）催化剂。图 6.14 展示了 CuNW 的制备过程[1]。

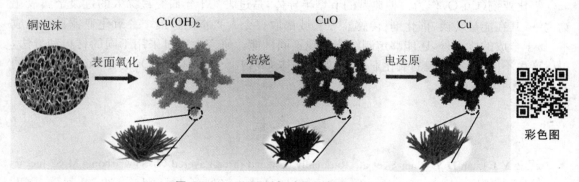

图 6.14　CuNW 制备过程示意图

表面氧化：
$$Cu + S_2O_8^{2-} + 2OH^- == Cu(OH)_2 + 2SO_4^{2-} \tag{1}$$

焙烧：
$$Cu(OH)_2 \xrightarrow{\triangle} CuO + H_2O(g) \tag{2}$$

电还原：
$$2CuO \xrightarrow{通电} 2Cu + O_2 \uparrow \tag{3}$$

（2）电催化还原硝酸盐

电催化还原硝酸盐在 H 型电解池进行，采用三电极体系，工作电极为制备的催化剂材料，Pt 电极作为辅助电极，Ag/AgCl 电极作为参比电极（图 6.15）。

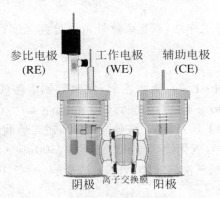

图 6.15　H 型电解池及三电极体系示意图

阴极主要涉及的反应为

$$NO_3^- + 6H_2O + 8e^- \longrightarrow NH_3 + 9OH^- \tag{4}$$

阳极主要涉及的反应为

$$4OH^- - 4e^- \longrightarrow 2H_2O + O_2\uparrow \tag{5}$$

总反应为

$$NO_3^- + 2H_2O \Longrightarrow NH_3 + 2O_2\uparrow + OH^- \tag{6}$$

查询热力学数据表[2]，总反应在标准状况下的吉布斯自由能的变化值为

$$\Delta_r G_m^\ominus = \Delta_f G_m^\ominus(生成物) - \Delta_f G_m^\ominus(反应物)$$
$$= -16.45 + 0 - 157.244 - (-108.74) - (-237.129 \times 2)$$
$$= 409.3(kJ/mol) \tag{7}$$

总反应的标准平衡常数为

$$K^\ominus = \exp[-\Delta_r G_m^\ominus/(RT)] = 1.8 \times 10^{-72} \tag{8}$$

据此可以判断，反应很难自发进行。在电催化体系中通过施加电压促进反应发生。

（3）氨、硝酸根和亚硝酸根检测

氨浓度检测原理：氨在亚硝基铁氰化钠及次氯酸钠存在条件下与水杨酸生成蓝绿色的靛酚蓝染料，由可见分光光度法可定量分析溶液中氨的含量。这个方法又称"靛酚蓝法"。

硝酸根浓度检测原理：根据硝酸根在 220 nm 处有强吸收，而在 275 nm 处不吸收紫外光的性质，利用紫外分光光度法定量分析溶液中硝酸根的含量，其中 275 nm 处的吸光度可以用于排除有机物对结果的干扰。

亚硝酸根浓度检测原理：亚硝酸根在弱酸性条件下与磺胺发生重氮化反应，后与 N-(1-萘基)乙二胺盐酸盐形成玫瑰红染料，由可见分光光度法可定量分析溶液中亚硝酸根的含量。这个方法又称"格里斯试剂比色法"。

3 实验物品

(1) 仪器

热分析仪,马弗炉,电化学工作站,双光束紫外可见分光光度计,直流稳压电源,加热搅拌器,烘箱。

(2) 试剂

泡沫铜,盐酸($1:1$、$1\ mol \cdot L^{-1}$),无水乙醇、次氯酸钠溶液($0.05\ mol \cdot L^{-1}$),氢氧化钠($1\ mol \cdot L^{-1}$)、氢氧化钾($1\ mol \cdot L^{-1}$),硝酸钌($10\ mmol \cdot L^{-1}$),水杨酸($5\ wt\%$)、磺胺(s)、氨基磺酸溶液($0.8\ wt\%$),N-(1-萘基)乙二胺盐酸盐(s),过二硫酸铵($0.1\ mol \cdot L^{-1}$),硝酸钾(s),亚硝酸钾($100\ \mu g \cdot mL^{-1}$),氧化铝(s),氯化铵溶液($100\ \mu g \cdot mL^{-1}$)、二水合亚硝基亚铁氰化钠溶液($1.0\ wt\%$),柠檬酸三钠溶液($5\ wt\%$),浓磷酸($\rho = 1.685\ g \cdot mL^{-1}$)。

(3) 材料

H-型电解反应池,Pt 片电极夹,Ag/AgCl 电极,Pt 片电极,氮气。

4 实验步骤

(1) 铜基催化剂制备

CuNW 制备包括基底预处理、表面氧化、焙烧和电还原四个步骤。Ru-CuNW 制备则需在完成基底预处理、表面氧化步骤后,将氢氧化铜纳米线浸泡在 $10\ mmol \cdot L^{-1}$ 硝酸钌溶液中,静置 10 h 完成离子交换,洗至洗液无色后烘干。Ru-CuNW 的制备及 Ru 含量测定由教师完成。

① 基底预处理:

取泡沫铜($2.0\ cm \times 3.0\ cm$)于 50 mL 离心管中,加入适量 $1:1$ 盐酸将其浸没,超声 5 min 之后,依次使用 20 mL 无水乙醇和 20 mL 去离子水各洗涤两次,每次超声 1 min 辅助清洗。

② 表面氧化:

取洗净的泡沫铜与 50 mL 氢氧化钠($1\ mol \cdot L^{-1}$)和过二硫酸铵($0.1\ mol \cdot L^{-1}$)的混合溶液于冰水浴中反应 45 min,该过程发生表面氧化反应。然后依次使用去离子水清洗 5 次,无水乙醇清洗 2 次。将洗净后的样品置于 80 ℃ 烘箱中干燥 30 min,完成氢氧化铜纳米线的制备。

③ 焙烧:

将氢氧化铜纳米线(约 35 mg)和氧化铝(约 35 mg)放置于热分析仪中,设置温度范围为 $25 \sim 240$ ℃,升温速率为 5 ℃ $\cdot min^{-1}$,开始热分析测试。根据测试结果确定最佳焙烧温度。将氢氧化铜纳米线放入马弗炉中,按照热分析结果设置升温程序。

④ 电还原:

采用三电极体系,取氧化铜纳米线($1.0\ cm \times 0.5\ cm$)作为工作电极。在 H-型双池电解池中各加入 30 mL 氢氧化钾溶液($1\ mol \cdot L^{-1}$)作为电解液。采用计时电流法,设置电位为 -1.45 V,电解时间为 300 s。随着电解时间的增加,氧化铜纳米线不断被还原为 CuNW。采用线性扫描伏安法,设置初始电位为 -0.6 V,结束电位为 -2.0 V,扫描速率为 0.01 V $\cdot s^{-1}$,

进行重复扫描,直至与上一次结果重合。

（2）电催化还原硝酸盐影响因素探究

在三电极体系中,联合计时电流法、线性扫描伏安法和分光光度法,对制备的电极材料进行催化性能的影响因素探究,包括电解电位、电解时间和电极材料。

① 氨、硝酸根和亚硝酸根工作曲线的测定

分别移取 0.05 mL、0.25 mL、0.50 mL、1.25 mL、2.50 mL、5.00 mL 100 μg·mL^{-1} 氯化铵溶液,定容至 50.00 mL,得到各个浓度的标准溶液。分别移取 2.00 mL 各标准溶液,按顺序加入 2.00 mL 5 wt% 水杨酸、5 wt% 柠檬酸三钠和 1 mol·L^{-1} 氢氧化钠混合液,1.00 mL 0.05 mol·L^{-1} 次氯酸钠溶液和 200 μL 1.0 wt% 亚硝基亚铁氰化钠溶液,混合后静置 30 min。在 655.6 nm 的波长下测定各个溶液的吸光度,绘制氨浓度测定的标准曲线。

分别移取 2.50 mL、5.00 mL、7.50 mL、10.00 mL、12.50 mL 100 μg·mL^{-1} 硝酸钾溶液,定容至 50.00 mL,得到各个浓度的标准溶液。分别移取 5.00 mL 各标准溶液,加入 100 μL 1 mol·L^{-1} 盐酸和 10.0 μL 0.8 wt% 氨基磺酸溶液混合均匀,静置 20 min。注意紫外波段的测试需使用石英比色皿,光源选择氘灯,测定两个吸收波长为 220 nm 和 275 nm 下各个溶液吸光度,取纵轴 $A = A(220 \text{ nm}) - A(275 \text{ nm})$,横轴为浓度绘制硝酸根浓度测定的工作曲线。

分别移取 0.05 mL、0.10 mL、0.25 mL、0.50 mL、1.00 mL、2.50 mL 100 μg·mL^{-1} 亚硝酸钾溶液,定容至 50.00 mL,得到各个浓度的标准溶液。分别取 5.00 mL 标准溶液,移取 200 μL 由 4 g 磺胺、0.2 g N-(1-萘基)乙二胺盐酸盐、50 mL 去离子水和 10 mL 浓磷酸($\rho = 1.685$ g·mL^{-1})组成的混合液,摇匀静置显色 20 min。在 540 nm 的波长下测定各个溶液的吸光度,绘制亚硝酸根浓度测定的标准曲线。

② 影响因素-电解电位:

阴极电解液为 30 mL 质量分数为 0.3% 的硝酸钾溶液,采用线性扫描伏安法,将得到的含硝酸钾溶液的氢氧化钾溶液（1 mol·L^{-1}）与不含硝酸钾的氢氧化钾溶液的测试曲线做对比,获得合适的电解电位范围。利用能斯特方程计算理论反应电位,与实验结果相互验证。采用计时电流法,在此电位范围内,设置不同的电解电位电解 10 min。每次电解结束后,取阴极池中的反应液 2.00 mL,加入测氨的显色液,静置 30 min 后在 655.6 nm 的波长下测定氨含量。

③ 影响因素-电解时间:

采用计时电流法,在最佳电解电位下,设置不同的运行时间。每次电解结束后从阴极池中取反应液 2.00 mL、5.00 mL、5.00 mL,分别加入测氨、硝酸根、亚硝酸根的显色液,测定氨、硝酸根和亚硝酸根的含量。

④ 影响因素-电极材料:

取 Ru-CuNW(1.0 cm×0.5 cm)作为工作电极,测试方法同②,与 CuNW 作为工作电极的结果进行对比。

（3）开放性设计收集氨产品

凭借 CuNW 良好的电催化性能,自主设计制氨装置模拟实际应用,将电催化技术与气提法相结合获得氨产品。为了在教学时间内获得氨产品,本实验采用 CuNW(1.5 cm×1.5 cm)作为工作电极,电解电流为 1.0 A,电解液为硝酸钾溶液（1 mol·L^{-1}）。

5　数据处理

硝酸根转化率计算式如下:

$$\alpha_{NO_3^-} = \frac{c_0 - c_{NO_3^-}}{c_0} \tag{9}$$

氨选择性计算公式如下:

$$S_{NH_3} = \frac{c_{NH_3}}{c_0 - c_{NO_3^-}} \tag{10}$$

亚硝酸根选择性计算公式如下:

$$S_{NO_2^-} = \frac{c_{NO_2^-}}{c_0 - c_{NO_3^-}} \tag{11}$$

法拉第效率(FE)计算式如下:

$$FE = \frac{nFV c_{NH_3}}{Q} \tag{12}$$

归一化面积电流密度(Normalized Current Density)计算公式如下:

$$J = \frac{Q}{tA} \tag{13}$$

将测试电位校准转化为可逆氢电极(RHE)标度,转化公式如下:

$$E(vs. RHE) = E(vs. Ag/AgCl) + 0.197 + 0.059pH^{[7]} \tag{14}$$

其中,$\alpha_{NO_3^-}$ 为硝酸根转化率;S_{NH_3} 为氨选择性;$S_{NO_2^-}$ 为亚硝酸根选择性;c_0 为初始反应液中硝酸根的浓度;c_{NH_3} 为电解反应后反应液中氨的浓度;$c_{NO_3^-}$ 为电解反应后反应液中硝酸根的浓度;$c_{NO_2^-}$ 为电解反应后反应液中亚硝酸根的浓度,三类物质浓度由分光光度法进行检测得到;n 为反应中电子转移数(电催化还原硝酸盐合成氨反应中 n 为8),V 为电解池中电解液体积(本实验为 30 mL);F(Faraday 常数)= 96485 C·mol^{-1};Q 为测试过程中所消耗的总电量;由电化学工作站直接给出;J 为归一化面积电流密度;t 为电解时间;A 为极板面积;E(vs. RHE)为可逆氢电极(RHE)标度的电解电位;E(vs. Ag/AgCl)为测试电位,由电化学工作站直接给出。

6　思考题

①　利用能斯特方程计算硝酸盐还原反应需要的理论反应电位是多少? 实验结果与理论电解电位存在差异的原因是什么? 如何减小差异?

②　铜纳米线与掺钌铜纳米线相比,哪种材料的催化性能更好? 为什么?

7　拓展内容

在环境条件下电催化硝酸盐还原反应(NO$_3^-$RR)合成氨时会出现竞争性的析氢反应(HER),相关研究表明可以应用对水分解反应呈惰性的材料(例如,Cu 基材料)提高硝酸盐转化为氨的效率[3]。其中过渡金属 Cu 的特殊 d 轨道电子构型是促进 NO₃⁻RR 性能的关键因素，同时在 Cu 中掺杂其他的杂原子也可以进一步增强催化剂的催化活性[4,5]。

钌(Ru)电极在贵金属中表现出非凡的催化活性，所以本实验中合成钌掺杂铜纳米线与铜纳米线的催化性能做对比。根据密度泛函理论(DFT)计算表明，Ru 催化剂在电催化还原和多相催化体系中都能高效地将反应中间体(NO₂⁻)转化为 NH₃(见图 6.16)，这表明 Ru 表面具有良好的 NO₂⁻吸附性能，从而有效加速速率决定步骤的动力学过程[5]。

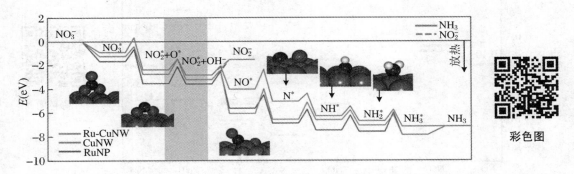

图 6.16　DFT 模拟的 NO₃⁻RR 的热力学反应路径[5]

与本实验电催化剂的反应机理类似，Cu 也可以与其他的杂原子合金化从而调节合金的电子结构，如 CuPd 纳米立方体[6]、Cu₅₀Ni₅₀合金[7]，从而进一步提升 NO₃⁻RR 电催化剂的催化活性。

1. CuPd 纳米立方体催化剂

Huiyuan Zhu 等人通过批量数据筛选，发现与 Cu 相比，CuPd 具有更强的中间体 NO₃⁎吸附能(见图 6.17)，有利于电催化 NO₃⁻RR 的进行[6]。基于计算结果，作者合成了 Cu，Pd 和 CuPd 纳米立方体，电化学测试表明，CuPd 催化剂在碱性介质中表现出更优异的 NO₃⁻RR 性能，完美地验证了理论预测结果。

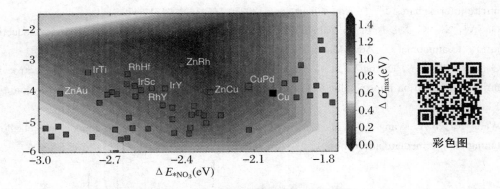

图 6.17　PdCu 体系的 NO₃⁎吸附能的数据筛选结果[6]

2. Cu₅₀Ni₅₀合金催化剂

不同于掺杂贵金属(如 Ru、Pd)原子，还可以掺杂过渡金属原子 Ni，Edward H. Sargent 等人制备了 Cu₅₀Ni₅₀合金催化剂，电化学性能测试表明，与纯 Cu 催化剂相比，Cu₅₀Ni₅₀合金催化剂在碱性条件下的 NO_3^- RR 活性提高了 6 倍[7]。DFT 计算阐明,与纯 Cu 相比,这是由于 $Cu_{50}Ni_{50}$ 合金催化剂的热力学反应能垒更低,有利于 NO_3^- RR 反应的进行(见图 6.18)。

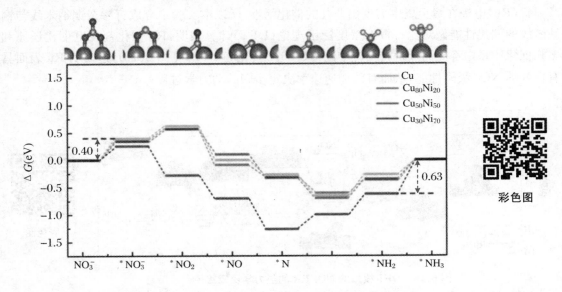

图 6.18　DFT 模拟的 CuNi 合金的 NO_3^- RR 热力学反应路径[7]

参 考 文 献

[1] Chen F Y，Wu Z Y，Gupta S，et al. Efficient conversion of low-concentration nitrate sources into ammonia on a Ru-dispersed Cu nanowire electrocatalyst[J]. Nat. Nanotechnol，2022，17(7)：759-767.

[2] 傅献彩,沈文祥,姚天扬,等.物理化学:上[M].5 版.北京:高等教育出版社,2006:483-497.

[3] Li P，Li R，Liu Y，et al. Pulsed nitrate-to-ammonia electroreduction facilitated by tandem catalysis of nitrite intermediates[J]. J. Am. Chem. Soc. 2023，145(11)：6471-6479.

[4] Gao W，Xie K，Xie J，et al. Alloying of Cu with Ru enabling the relay catalysis for reduction of nitrate to ammonia[J]. Adv. Mat.，2023，35(19).

[5] Gao Q，Pillai H S，Huang Y，et al. Breaking adsorption-energy scaling limitations of electrocatalytic nitrate reduction on intermetallic CuPd nanocubes by machine-learned insights[J]. Nat. Com. 2022，13(1)：2338.

[6] Wang Y，Xu A，Wang Z，et al. Enhanced nitrate-to-ammonia activity on copper？nickel alloys via tuning of intermediate adsorption[J]. J. Am. Chem.，Soc.，2020，142(12)：5702-5708.

实验 20 维生素 C 抗氧化活性的量化计算探究实验

第1部分 分子构型的创建

1 实验目的

① 了解笛卡尔坐标和内坐标的输入格式。
② 掌握用 GaussView 软件建立分子结构模型。

2 基本原理

维生素 C(又名抗坏血酸)是一种水溶性维生素,分子式为 $C_6H_8O_6$,结构见图 6.19,分子量为 176.12。维生素 C 分子中两个相邻的烯醇式羟基极易解离而释出 H^+,故具有弱酸的性质。由于其抗氧化性,维生素 C 在预防感冒、白内障和心血管等疾病方面发挥着重要作用。

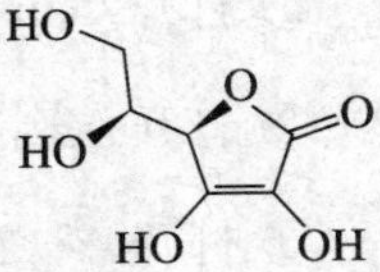

图 6.19 维生素 C 的分子结构

在分子模拟计算中,确定体系中原子或者分子的坐标是非常重要的,是研究体系性质的基础。一般有两种坐标形式:一种是直角坐标(即笛卡尔坐标,Cartesian coordinates);另一种是内坐标(internal coordinates)。

(1) 直角坐标形式

以 H_2O 分子为例(见图 6.20):

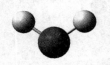

图 6.20 H_2O 的结构模型

[原子符号]	X 坐标	Y 坐标	Z 坐标
O	−1.4338235	0.5147059	0.0000000
H	−0.4738235	0.5147059	0.0000000
H	−1.7542781	1.4196417	0.0000000

(2) 内坐标形式

通过价键的连接关系和键长、键角及二面角来表示原子位置的方法,通常被写作 Z-矩阵(Z-matrix)形式。在 Z-矩阵中,每一个原子都占据一行,以 H_2O_2 分子为例(见图 6.21):

元素标号	原子	键长	原子	键角	原子	二面角
O						
H	1	0.96				
O	1	1.32	2	109.47		
H	3	0.96	1	109.47	2	180.00

在 Z-矩阵的第一行,定义的是第一个原子是氧原子 O1;第二行,定义的第二个原子是氢原子 H2,它距离 O1 0.96 Å;第三行,定义的第三个原子是氧原子 O3,它距离 O1 1.32 Å,原子

图 6.21　H_2O_2 分子结构模型

3-1-2 之间形成的角度为 109.47°；第四行，定义的第四个原子是氢原子 H4，它距离 O3 0.96 Å，原子 4-3-1 之间形成的角度为 109.47°，二面角 4-3-1-2 为 180.00°。

3　仪器和软件

计算机，GaussView 6.0 软件。

4　实验步骤

① 打开 GaussView 6.0 软件，准备构建维生素 C 分子构型。

② 打开 ，新建建模窗口。

③ 打开 ，在 Ring Fragments 窗口选择环戊烯结构 ，在建模窗口点击鼠标左键，出现环戊烯结构（见图 6.22）。

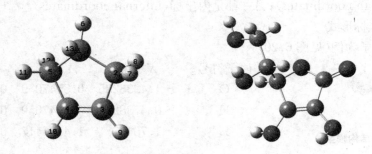

图 6.22　环戊烯（左）和维生素 C（右）的分子结构模型

④ 打开 ，在元素工具窗口选择 C 元素，选择"Carbon Tetrahedral"的 C ，鼠标左键点击 H 原子（序号 11），形成 -CH₃。继续点击 -CH₃ 上的 H 原子，形成 -CH₂CH₃。

⑤ 再选择"Carbon Trivalent(S-S-D)"的 C ，点击 C 原子（序号 2）。

⑥ 在元素工具窗口选择 O 元素，在选择"Oxygen Tetravalent(S-S-LP-LP)"的 O ，点击相应的 H 原子，形成 4 个 -OH；点击相应 C 原子（序号 1），形成 -O-。

⑦ 再选择"Oxygen Trivalent(D-LP-LP)"的 O ，点击 C（序号 2）上悬挂的双键，形成 =O。

⑧ 调整结构。可以使用 GaussView 的结构清理功能，即点击 Clean 图标 。此功能基

于一组预定义的规则来调整分子的几何结构,使其更符合化学直觉。

⑨ 选择"View"工具栏中的"Labels"和"Symbols"可以显示结构模型的原子顺序和元素符号。

⑩ 选择"File"工具栏中的"Save",选择保存路径,输入文件名,选择文件类型(* . gjf * . com),保存。

5 拓展内容

GaussView 软件使用简介

GaussView 软件是大型量子化学计算程序 Gaussian 的图形界面,主要有三大功能:① 构建分子模型;② 设置计算参数并提交计算任务;③ 查看计算结果。本实验重点介绍的是 GaussView 的其中一个主要功能:构建分子模型。

GaussView 软件有非常强大的模型构建功能,仅仅通过简单的鼠标操作,就能构筑各种分子的三维结构,甚至可以构建非常大的分子。GaussView 也可以读取一些标准格式的分子结构信息,如 PDB、CIF、MOL2 格式等,从而可以与诸多图形软件连用,大大拓宽了使用范围。

GaussView 软件的主要界面包括图 6.23 所示的两个窗口。左界面是程序的主控制面板,包括菜单栏、各种工具和当前片段(Current Fragment)窗口。右界面是正在创建分子的窗口。

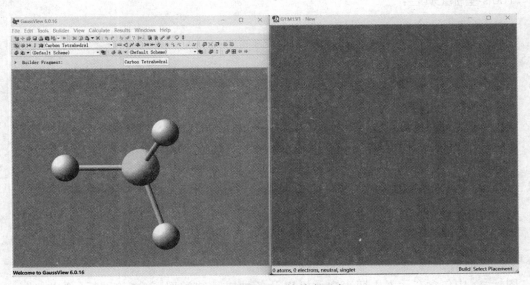

图 6.23 GaussView 软件主要窗口

1. GaussView 软件的主菜单

GaussView 软件主要包括表 6.4 中所列的几个菜单模块,这几个模块可以实现分子构建的基本功能。

表 6.4　GaussView 的主菜单

名　　称	主　要　功　能
File	创建、打开、储存和打印分子结构
Edit	在结构上执行配置任务
View	管理和交互式展示分子
Calculate	建立和提交给 Gaussian 程序计算任务
Results	查看计算结果，包括表面、光谱、绘图和动画
Windows	管理各种 GaussView 工作窗口
Help	查看 GaussView 在线帮助信息

2. GaussView 软件的工具栏

File-文件工具栏：

Edit-视图编辑栏：

Tools-坐标工具栏：

Builder-建模工具栏：

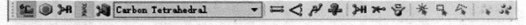

View-视图工具栏：

Caculate-计算工具栏：

3. Builder 建模工具栏图标说明

在 GaussView 软件中，构建分子模型要用到的主模块是 Builder。使用该模块，可以创建、查看和调整分子构型。

图标 中包含有元素周期表内元素以及各种成键的类型，单击该图标，弹出如图 6.24 所示的界面。

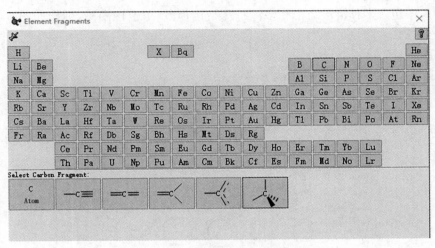

图 6.24 Element Fragments 界面

只要单击其中一个元素符号，在界面最下面就会展示出所有可能的原子成键方式。如上图所示的为 C 原子所有可能连接方式。

图标 中包含多种环状片段，单击该图标，弹出如图 6.25 所示的界面。

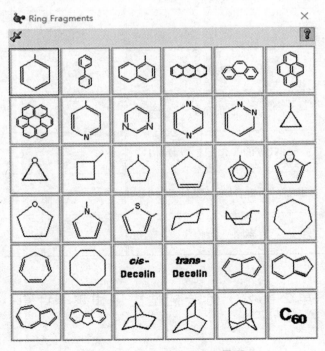

图 6.25 Ring Fragments 界面

图标 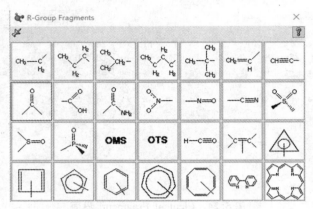 中包含多种链形结构和多种特殊结构片段,单击该图标,弹出如图 6.26 所示的界面。

图 6.26 R-Group Fragments 界面

Builder 面板上的一些其他图标功能,如表 6.5 所示。

表 6.5 Builder 面板上的一些其他图标

图 标	主要功能	图 标	主要功能
	键长		旋转片段
	键角		不选择任何原子
	二面角		选择所有原子
	查询(防止点击时键入新结构)		选择单个原子
	添加一个键合原子(默认添加 H)		选择多个原子
	删除一个原子		

第 2 部分 分子构型优化和频率计算

1 实验目的

① 了解 Gaussian 程序中优化分子结构和频率计算的计算操作。
② 掌握判断优化是否正常完成和结构是否稳定的标准。
③ 学会查看结果文件并能对计算结果进行相关处理。

2 实验原理

体系的势能是多维坐标的复杂函数,体系能量的变化可以看成是在一个多维面上的运动,这个多维面就是势能面(potential energy surface)。对于含有 N 个原子的体系,势能是 $3N-6$ 个内坐标或者 $3N$ 个笛卡尔坐标的函数。势能面描述的是分子结构和其能量之间的关系,以能量和坐标作图(见图6.27),势能面上的每一个点对应一个结构。

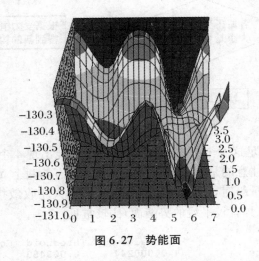

彩色图

图6.27 势能面

从三维空间的势能面上,可以明确:① 势能面上有很多能量极小值,每一个能量极小值,对应着体系的一个稳定构型,偏离这些极小值的构型,其能量都要升高。② 将势能面上的极小值连接起来得到反应路径,在该路径上一个方向上具有极大值而其他方向均为极小值的点称为鞍点。一般地,鞍点代表连接着两个极小值的过渡态。③ 极小值和鞍点都称为驻点,其势能函数的一阶导数值都为零。

分子模拟计算研究分子性质,是从优化分子结构开始的,这是因为在自然情况下分子主要以能量最低的形式存在。在建模过程中,我们无法保证所创建的模型具有最低的能量,因而要将分子优化到一个能量的极值点。寻找势能最低构象的过程称为能量最小化(energy minimization),利用能量最小化方法所得到的构象称为几何优化构型(geometry optimized configuration)。

在Gaussian程序中,分子结构优化过程见图6.28。首先,程序根据初始的分子构型,计算其能量和梯度,然后决定下一步结构调整的方向和步长。接着,根据各原子受力情况和位移大小判断是否收敛,如果没有达到收敛标准,更新几何结构,继续重复上面的过程,直到力和位移的变化均达到收敛标准,整个优化循环才算完成。

在Gaussian程序中有两个标准来判断分子结构优化是否收敛。第一个判据是分子受力情况,即分子内所受的最大力(maximum force)小于 0.00045 eV·Å^{-1},力的均方差(RMS force)小于 0.00030;收敛的第二个判据是前后两次位移的情况,前后两次的坐标位移要很小,即最大位移(maximum displacement)需要小于 0.0018 Å,位移均方差(RMS displacement)要

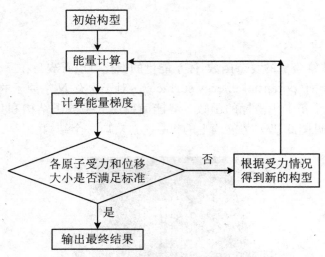

图 6.28　构型优化循环示意图

小于 0.0012。只有同时满足这两个判据,在输出文件中才能出现 4 个 YES(见图 6.29),表明分子优化已经完成。需要注意的是,在优化过程中,有时只有前两个 YES 出现,当计算所得的力已比收敛指标小两个数量级时,即使 Displacement 值仍大于收敛指标,也认为整个计算已收敛。这种情况对大分子(具有较平缓的势能面)比较常见。

```
            Item              Value      Threshold   Converged?
Maximum Force               0.000244     0.000450       YES
RMS     Force               0.000221     0.000300       YES
Maximum Displacement        0.000880     0.001800       YES
RMS     Displacement        0.000815     0.001200       YES
Predicted change in Energy=-2.136001D-07
Optimization completed.
    -- Stationary point found.
```

图 6.29　分子结构优化成功的标志

优化成功后,还必须保证优化的几何构型确实是一个极小值点,这可以通过对优化的几何构型进行频率计算来实现。在 GaussView 中选择 Frequency 任务类型。频率计算考虑了平衡状态下分子体系的原子核的振动,该计算可以预测多种分子的性质,其中包括:

① 分子的振动光谱。

② 零点能:对电子能量的校正,其允许我们估计 0 K 时分子在最低振动态下的能量,这里不包括平动能和转动能。

③ 在 298.15 K 和 1 大气压的默认条件下,计算热能($E^{热能}$)、焓($H = E^{热能} + pV$)、熵(S)和吉布斯自由能($G = H - TS$)。

3　仪器和软件

计算机,GaussView 6.0 软件,Gaussian 16 程序。

4 实验步骤

对维生素 C 分子构型进行结构优化和频率计算。

① 打开 GaussView,设置计算参数。

② 选择"Calculate"菜单中的"Gaussian Calculation Setup"或者工具栏中的图标 ，弹出对话框。

③ 计算任务"Job Type"中选择"Opt + Freq"。

④ 计算方法"Method":"Ground State""HF""Restricted",计算基组"Basis Set": "6-31G",极化函数设置为"(d,p)"。

⑤ 电荷"Charge"选择"0",自旋多重度"Spin"选择"Singlet"。

⑥ "Title"选项中设置任务名称,如 VC。

⑦ "Link 0"选项:"Memory Limit"设为 100MW,"Shared Processors"设为 Specify 4, "Chkpoint File"设为 Specify"vcopt. chk",并将"Chkpoint File""OldChk File"后面的√去掉。

⑧ "General"选项中"geom = connectivity"可不勾选。

⑨ 了解输入文件的格式(图 6.30),查看 Preview,检查参数设置。

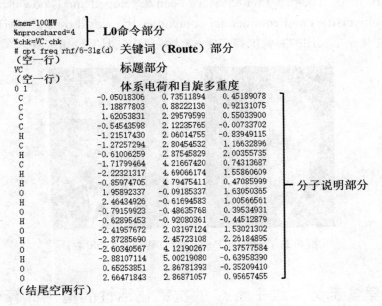

图 6.30　输入文件格式说明

⑩ 点击对话框底部的"Submit",提交作业。

⑪ 作业计算完成后,用 GaussView 打开后缀名为 .log 输出文件。

⑫ 选择"Results"菜单中的"Summary",在弹出的对话框中可以从"Overview""Thermo" 和"Opt"选项中查看相应的结果,如看有无虚频来判断优化后的构型是否稳定、读取相关热力学值和判断计算收敛情况。

5　数据处理

① 获得稳定构型的结构参数(如 O—H 键长),标注在图形化的分子结构中。
② 读取优化得到维生素 C 分子构型的"EE + Thermal Enthalpy Correction"值。

6　拓展内容

1998 年诺贝尔化学奖

1998 年 10 月 13 日瑞典皇家科学院宣布 1998 年诺贝尔化学奖授予美国加州大学 Santa Barbara 分校物理学教授 Walter Kohn 和美国西北大学化学教授 John A. Pople(见图 6.31), 以表彰他们在发展用于研究分子性质与化学反应过程的量子化学方法方面的开创性贡献。其中给 John A. Pople 教授的颁奖词写道:"Pople made his computational technics easily accessible to researchers by designing the GAUSSIAN computer program. The first version was published in 1970. The program has since been developed and is now used by thousands of chemists in universities and commercial companies the world over."高斯程序的普及,使量子化学计算像化学家使用的实验仪器一样,成为科研中的日常使用工具。

图 6.31　John A. Pople(左)和 Walter Kohh(右)

第 3 部分　维生素 C 的抗氧化活性的量化计算

1　实验目的

① 学习使用计算化学解决化学体系中的实际问题。
② 培养计算化学思维,提高学生的综合能力。

2 实验原理

在热力学中,焓是表征系统的状态函数,通常用 H 表示,定义为:$H = U + pV$。其中 U 为体系总的内能,p 为体系的压力,V 为体系的体积。当系统从一个状态变成另一个状态时,其焓值的改变量可表示为:$\Delta H = H(\text{末}) - H(\text{初})$。键解离能(Bond Dissociation Energy,BDE)定义为分子中化学键断裂过程的反应焓变,它反映了键断裂过程所需要的能量。

维生素 C 分子的抗氧化活性主要与羟基的存在有关,不同位点的羟基表现的抗氧化性能也会不同。Hydrogen atom transfer(HAT)是人们常用来研究物质抗氧化性能的其中一种机理,如下式所示:

$$ArO\text{—}H + R^{\cdot} \longrightarrow ArO^{\cdot} + R\text{—}H$$

在 HAT 机理中,通过计算 BDE 值来判断抗氧化活性大小,BDE 计算公式为

$$BDE = H(ArO^{\cdot}) + H(H^{\cdot}) - H(ArOH)$$

BDE 值越小,氢原子转移越容易发生,其抗氧化活性则越强。

3 仪器和软件

计算机,GaussView 6.0 软件,Gaussian 16 程序。

4 实验步骤

① 完成维生素 C 分子的结构优化和频率计算后,读取体系的焓值。

② 对优化后的维生素 C 分子构型,删除其中一个羟基的氢原子后进行结构优化和频率计算。

③ 对删除氢原子得到的自由基片段,计算参数的设置可参考前一个实验,不同的是,Method 中选择"Unrestricted","Spin"设置为"Doublet"。

④ "Title"和".chk"文件的名称也需要做相应的改动,其他参数和维生素 C 分子的计算设置保持一致。参数设置完成后,提交计算作业。计算完成后,读取焓值。

⑤ 氢自由基的计算任务类型修改成"Freq",其他设置参考上述步骤,计算得到氢自由基的焓值。

5 数据处理

① 对得到的焓值进行单位换算,将 1 Hatree 换算成 627.51 kcal·mol^{-1}。

② 计算维生素 C 分子中 4 个羟基的 BDE,并进行抗氧化活性比较。

第7章 开放实验

实验21 抗氧大作战–茶汤抗氧化活性的测定

1 实验目的

① 学习茶汤抗氧化活性测定的原理与方法。
② 练习称量、过滤、加热等基本操作。
③ 掌握移液枪以及分光光度计的使用方法。

2 实验背景

(1) 茶叶的种类和成分

中国是茶的故乡,亦是茶文化的发源地。我国的茶叶分为六大基本茶类:绿茶、红茶、乌龙茶、白茶、黄茶、黑茶,由于原料、制作工艺的差异而造就不同的品质和风味。

在茶叶干物质的化学成分组成中,糖类、蛋白质、脂类、茶多酚这四种化学成分加起来总和占干物重的90%以上,其中茶多酚对品质的影响最显著。茶多酚是茶叶中多酚类物质的总称,以儿茶素类化合物含量最高,如表儿茶素、表没食子儿茶素(见图7.1)。由于茶多酚具有酚羟基,能够提供质子,是理想的天然抗氧化剂,对人体有保健作用,已在食品和医药行业中引起极大关注。

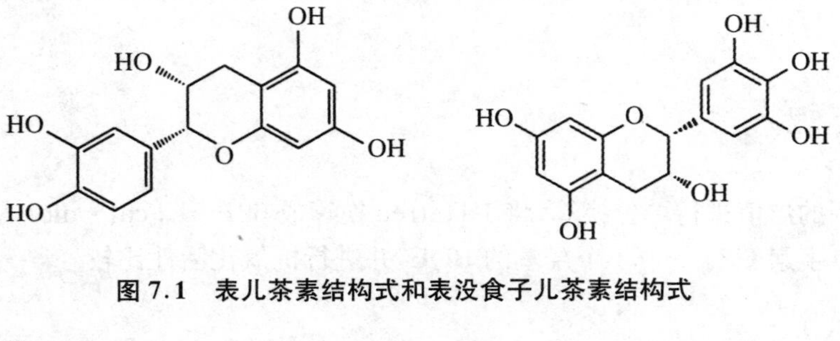

图7.1 表儿茶素结构式和表没食子儿茶素结构式

(2) 羟自由基

人体时时刻刻发生着氧化还原反应,努力维持在一个抗氧化系统和自由基的动态平衡之中。自由基是一个单电子的原子或者基团,反应活性强,能够使人体细胞组织发生功能衰退与病变(见图 7.2)。

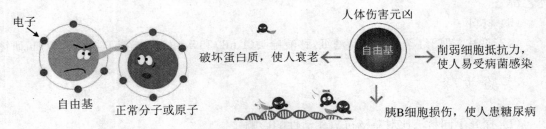

图 7.2　自由基示意图及危害

羟自由基(·OH)是人体新陈代谢过程中产生的目前所知对生物体毒性最强、危害最大的一种自由基。

3　实验原理

(1) 茶汤清除·OH 能力的测定

过氧化氢(H_2O_2)与二价铁离子 Fe^{2+} 反应生成·OH,被水杨酸捕获生成 2,3-二羟基苯甲酸和 2,5-二羟基苯甲酸,与 Fe^{3+} 生成有色络合物在波长 510 nm 处有较强吸收。反应体系中若加入具有清除·OH 作用的物质可以降低该吸光度。因此,可以通过测定有色物质在 510 nm 处的吸光度来判断茶汤清除·OH 的能力。

芬顿反应:

$$Fe^{2+} + H_2O_2 \longrightarrow Fe^{3+} + OH^- + \cdot OH$$

计算·OH 清除率的公式如下:

$$\cdot OH \text{ 清除率} = \frac{A_0 - (A_x - A_{x0})}{A_0} \times 100\%$$

式中,A_0:加入 $FeSO_4$、水杨酸-乙醇、H_2O_2 的吸光度;A_x:加入 $FeSO_4$、水杨酸-乙醇、茶汤、H_2O_2 的吸光度;A_{x0}:加入 $FeSO_4$、水杨酸-乙醇、茶汤的吸光度;

参比溶液:加入 $FeSO_4$、水杨酸-乙醇、蒸馏水的吸光度。

(2) 紫外可见分光光度法

分光光度法是利用单色器,将光源产生的连续光分成单色光照射待测物质,研究物质对光的吸收强弱,从而对待测样进行定性、定量分析的方法。紫外可见分光光度法特指在紫外可见光波长的区间对样品进行分析。

4　实验用品

(1) 仪器

分析天平,烧杯,量筒,表面皿,温度计,恒温水浴锅,短颈漏斗,漏斗架,试管,试管架,紫外可见分光光度计。

（2）试剂

硫酸亚铁（9 mmol·L^{-1}），过氧化氢溶液（8.8 mmol·L^{-1}），水杨酸（9 mmol·L^{-1}），无水乙醇。

（3）材料

六安瓜片，祁门红茶，称量纸，滤纸，移液枪头（1 mL 和 5 mL），油性记号笔，比色皿，研钵。

5　实验步骤

（1）探究不同料液比对茶汤抗氧化活性的影响

量取四份 30 mL 蒸馏水分装于 100 mL 烧杯中，盖上表面皿放入恒温水浴加热至 90 ℃[a,b]。设计四个不同料液比，称取一定质量研至粉末的六安瓜片分别转移至上述烧杯中，盖上表面皿保温 10 min。趁热过滤，观察茶汤颜色。冷却后用移液枪分别取 500 μL 溶液至试管中，稀释至 5.00 mL，得到茶汤 A1、A2、A3、A4[c]。

取四支试管分别准确移取 1.00 mL FeSO$_4$、1.00 mL 水杨酸-乙醇、1.00 mL 茶汤、1.00 mL H$_2$O$_2$[d]，得到待测液 a1、a2、a3、a4，放于 37 ℃恒温水浴反应 15 min，测定吸光度（$A_{x\,a1\text{-}4}$）。

取四支试管分别准确移取 1.00 mL FeSO$_4$、1.00 mL 水杨酸-乙醇、1.00 mL 茶汤、1.00 mL 蒸馏水，得到待测液 a1′、a2′、a3′、a4′，放于 37 ℃恒温水浴反应 15 min，测定吸光度（$A_{x0\,a1'\text{-}4'}$）。

取一支试管分别准确移取 1.00 mL FeSO$_4$、1.00 mL 水杨酸-乙醇、1.00 mL H$_2$O$_2$、1.00 mL 蒸馏水，测定吸光度（A_0）。

取一支试管分别准确移取 1.00 mL FeSO$_4$、1.00 mL 水杨酸-乙醇、2.00 mL 蒸馏水，作为参比溶液。

计算·OH 清除率，讨论不同料液比对茶汤抗氧化活性的影响。

（2）探究不同冲泡时间对茶汤抗氧化活性的影响

量取四份 30 mL 蒸馏水分装于 100 mL 烧杯中，盖上表面皿放入恒温水浴加热至 90 ℃。

准确称取四份 0.6 g 研至粉末的六安瓜片转移至上述烧杯中，盖上表面皿，设计四个不同保温时间。趁热过滤，观察茶汤颜色。冷却后用移液枪分别取 500 μL 溶液至试管中，稀释至 5.00 mL，得到茶汤 B1、B2、B3、B4。

重复（1）中的后续步骤，将添加的茶汤换为 B1～B4 得到待测液 b1、b2、b3、b4、b1′、b2′、b3′、b4′，测定吸光度 $A_{x\,b1\text{-}4}$、$A_{x0\,b1'\text{-}4'}$。

计算·OH 清除率，讨论不同冲泡时间对茶汤抗氧化活性的影响。

（3）探究不同冲泡温度对茶汤抗氧化活性的影响

量取四份 30 mL 蒸馏水分装于 100 mL 烧杯中，盖上表面皿，放入恒温水浴加热至设计的四个不同温度。

准确称取四份 0.6 g 研至粉末的六安瓜片转移至上述烧杯中，盖上表面皿，保温 10 min。趁热过滤，观察茶汤颜色。冷却后用移液枪分别取 500 μL 溶液至试管中，稀释至 5.00 mL，得到茶汤 C1、C2、C3、C4。

重复（1）中的后续步骤，将添加的茶汤换为 C1～C4 得到待测液 c1、c2、c3、c4、c1′、c2′、c3′、c4′，测定吸光度 $A_{x\,c1\text{-}4}$、$A_{x0\,c1'\text{-}4'}$。

计算·OH 清除率，讨论不同冲泡温度对茶汤抗氧化活性的影响。

（4）探究不同种类的茶汤抗氧化活性的差异

换用祁门红茶（或者其他种类茶叶），与六安瓜片对比相同条件下茶汤抗氧化活性的差异。根据选择的实验条件，参考（1）～（3）中对应的操作步骤，得到待测液 d1、d2、d3、d4、d1′、d2′、d3′、d4′，测定吸光度 $A_{x\,d1\text{-}4}$、$A_{x0\,d1'\text{-}4'}$。

计算·OH 清除率，讨论不同种类茶汤抗氧化活性的差异。

6．实验结果

参考表 7.1 记录并整理实验数据。

表 7.1　数据记录与整理

不同料液比对茶汤抗氧化活性影响的探究结果				
实验组号	1	2	3	4
料液比				
吸光度	$A_{x\,a1}$	$A_{x\,a2}$	$A_{x\,a3}$	$A_{x\,a4}$
吸光度	$A_{x0\,a1'}$	$A_{x0\,a2'}$	$A_{x0\,a3'}$	$A_{x0\,a4'}$
吸光度 A_0				
·OH 清除率				
结论				
不同冲泡时间对茶汤抗氧化活影响的探究结果				
时间（min）				
吸光度	$A_{x\,b1}$	$A_{x\,b2}$	$A_{x\,b3}$	$A_{x\,b4}$
吸光度	$A_{x0\,b1'}$	$A_{x0\,b2'}$	$A_{x0\,b3'}$	$A_{x0\,b4'}$
吸光度 A_0				
·OH 清除率				
结论				
不同冲泡温度对茶汤抗氧化活性影响的探究结果				
温度（℃）				
吸光度	$A_{x\,c1}$	$A_{x\,c2}$	$A_{x\,c3}$	$A_{x\,c4}$
吸光度	$A_{x0\,c1'}$	$A_{x0\,c2'}$	$A_{x0\,c3'}$	$A_{x0\,c4'}$

续表

吸光度 A_0				
·OH 清除率				
结论				
不同种类茶汤抗氧化活性差异的探究结果				
选定因素				
吸光度	$A_{x\,d1'}$	$A_{x\,d2'}$	$A_{x\,d3'}$	$A_{x\,d4'}$
吸光度	$A_{x0\,d1'}$	$A_{x0\,d2'}$	$A_{x0\,d3'}$	$A_{x0\,d4'}$
吸光度 A_0				
·OH 清除率				
结论				

7　注意事项

[a]　恒温水浴时需盖好表面皿,防止水分蒸发。

[b]　恒温水浴时水温较高,取液时防止烫伤及烧杯倾倒。

[c]　实验中涉及样品较多,操作时做好标记,及时进行实验记录。

[d]　所有试剂加入后,H_2O_2 最后统一加入,待测液均需 37 ℃恒温水浴反应 15 min 后测定吸光度。

8　思考题

列举茶汤抗氧化活性的其他检测方法。

实验 22　酸奶的手工制作与指标测定

1　实验目的

① 学习考马斯亮蓝法测定蛋白质的原理与方法。

② 掌握酸度计与分光光度计的工作原理与操作方法。

③ 了解酸奶的发酵过程与制作原理。

2 实验背景

酸奶由鲜牛奶经乳酸菌发酵而成,辅以蔗糖调味,酸酸甜甜,浓稠鲜美,是历史悠久的饮品。鲜奶变成酸奶是乳酸菌发酵所致。在这个过程中,最主要的化学变化为鲜奶中富含的乳糖被消耗、代谢,转化为乳酸,导致 pH 不断降低。当达到一定的酸度后,牛奶中的酪蛋白发生絮凝[1],鲜奶转化为酸奶。

乳酸菌的生长除了需要碳源(乳糖及其他糖类)之外,还需要氮源。因此,乳酸菌还会将酸奶中的乳蛋白分解转化为小分子肽和氨基酸[2],从而提高酸奶的营养价值。

国标[3]中采取一系列方法对酸奶的各项理化指标进行定量检测,例如:色泽、气味、酸度、蛋白质含量、脂肪含量、污染物、微生物限量等。

本实验使用酸度计测量牛奶发酵前后 pH 的变化,探究乳糖向乳酸的转变过程。同时采用考马斯亮蓝法测定牛奶发酵前后的蛋白质含量,以此验证乳酸菌对蛋白质的降解作用。

3 实验原理

考马斯亮蓝法是目前实验室中最常见、灵敏度最高的一种测定蛋白质含量的方法,具有灵敏度高、测定快速简便、干扰物质少的特点[4]。

在酸性溶液中,考马斯亮蓝 G250 染料主要与蛋白质中的碱性氨基(特别是精氨酸和赖氨酸)和芳香族氨基酸的残基通过疏水力相结合,从而使染料的最大吸收峰由波长 465 nm 变为 595 nm,溶液的颜色由棕红色变为蓝色。在一定蛋白质浓度范围内($1\sim1000\ \mu g\cdot mL^{-1}$),溶液在波长 595 nm 处的吸光度与蛋白质浓度呈线性关系。根据标准蛋白溶液绘制标准曲线,通过测定样品在波长 595 nm 的吸光度计算蛋白质含量[4]。

4 实验物品

(1) 仪器

酸度计,离心机,分光光度计,烧杯,容量瓶(250 mL、50 mL),比色皿,移液枪。

(2) 试剂

考马斯亮蓝 G250 试剂,牛血清白蛋白,$0.2\ mol\cdot L^{-1}$ 磷酸缓冲液(pH = 7.0),浓磷酸(85 wt%),酸度计校准的缓冲液(pH = 4.00 和 pH = 6.86),95% 乙醇。

(3) 材料

全脂奶,乳酸菌菌种,酸奶机,市售原味酸奶。

5 实验步骤

(1) 酸奶的制作

取 1 g 市售的乳酸菌菌种加入到 1 L 盒装全脂奶中,摇匀菌种后放入酸奶机。保温发酵

6～10 h,完成酸奶的制作,从酸奶机中取出冷藏备用。

（2）牛奶和酸奶 pH 的测定

首先用 pH＝4.00 和 pH＝6.86 的缓冲液完成酸度计的校准。分别取 10 mL 牛奶与自制的酸奶加入 50 mL 烧杯中,使用校准后的酸度计分别测量其 pH。

（3）酸奶中蛋白质含量的测定

① 显色液的制备

取考马斯亮蓝 G250 试剂 100 mg 溶于 50 mL 95％乙醇中,移取 10 mL 溶液至 500 mL 烧杯,加入 20 mL 85 wt％磷酸,用蒸馏水稀释至 200 mL,制得显色液。

② 制备标准曲线

用 0.2 mol·L^{-1} pH＝7.0 磷酸缓冲液（PBS）将结晶牛血清蛋白配制成 1 mg·mL^{-1} 标准蛋白质溶液。取 7 支试管,按表 7.2 操作,加入标准蛋白溶液和考马斯亮蓝显色液后,立即摇匀,静置 5 min,以 1 号管为参比溶液,在波长 595 nm 处测定各组的吸光度 A_{595}。以标准蛋白质浓度为横坐标,以 A_{595} 为纵坐标,绘制蛋白质标准曲线。

表 7.2 标准曲线制作用量参考

编号	标准蛋白质溶液(mL)	PBS(mL)	考马斯亮蓝(mL)
1	/	0.10	
2	0.01	0.09	
3	0.02	0.08	
4	0.04	0.06	5.00
5	0.06	0.04	
6	0.08	0.02	
7	0.10	/	

③ 样品中蛋白质含量的测定

精确称取制作酸奶所用的牛奶、自制酸奶、市售酸奶约 0.6 g,分别用 PBS 将其稀释,转移至 50 mL 容量瓶,定容摇匀。三种处理后的样品各取 0.10 mL,分别加入 5.00 mL 考马斯亮蓝,摇匀静置 5 min 后,仍以 1 号管为参比溶液,在波长 595 nm 处测定样品的吸光度。计算样品中蛋白质的含量。

6 思考题

请简述测定蛋白质的其他方法并分析优缺点。

参 考 文 献

[1] Savaiano D A, Hutkins R W. Yogurt, cultured fermentedmilk, and health: a systematic review[J]. Nutr. Rev., 2021, 79(5):599-614.

[2] 焦晶凯.乳酸菌代谢研究进展[J].乳业科学与技术,2020,43(2):49-55.

[3] 中华人民共和国卫生部.食品安全国家标准:食品中蛋白质的测定:GB5009.5-2016[S].

[4] 蒋大程,高珊,高海伦,等.考马斯亮蓝法测定蛋白质含量中的细节问题[J].实验科学与技术,2018,16(4):143-147.

实验 23　水的总硬度测定

1　实验目的

① 学习 EDTA 标准溶液的标定原理和方法。

② 了解水的总硬度概念以及测定的意义。

③ 掌握配位滴定法测定水的总硬度的原理和方法。

2　实验原理

乙二胺四乙酸简称 EDTA,是一种有机氨羧配位体,能与大多数金属离子形成稳定的 1:1 型的配合物,计量关系简单,故常用作配位滴定的标准溶液。乙二胺四乙酸难溶于水,在分析实验中通常使用的是溶解度较大的含两个结晶水的乙二胺四乙酸二钠盐(习惯上简称为 EDTA,372.24 g·mol^{-1})。因为乙二胺四乙酸二钠盐试剂中常含有 0.3% 的吸附水,所以 EDTA 标准溶液通常采用标定法配制,先配成大致浓度的溶液然后进行标定。

水的总硬度是指水中 Ca^{2+} 和 Mg^{2+} 的总浓度,包括暂时硬度(即碳酸盐硬度,指加热水时,能以碳酸盐形式沉淀下来的钙、镁离子)和永久硬度(即非碳酸盐硬度,指加热水时,不能以碳酸盐形式沉淀下来的钙、镁离子)。

水的总硬度是水质好坏的一项重要指标,测定水的总硬度具有重要的实际意义。硬度对工业用水影响很大,尤其是锅炉用水,硬度较高的水都要经过软化处理并经滴定分析达到一定标准后方可输入锅炉,以防造成安全事故。此外,生活饮用水中硬度过高会影响肠胃的消化功能,我国生活饮用水卫生标准中规定硬度(以 $CaCO_3$ 计)不得超过 450 mg·L^{-1}。目前我国采用较多的硬度表示方法是以 mmol·L^{-1} 或 mg·L^{-1}(以 $CaCO_3$ 计)为单位表示水的硬度。

当前对于饮用水、锅炉用水、冷却水、地下水及没有污染的地表水的总硬度测定方法是以铬黑 T 为指示剂的配位滴定法。在 pH 6.3~11.3 的水溶液中,铬黑 T 本身呈蓝色,它与 Ca^{2+}、Mg^{2+} 形成的配合物呈紫红色,溶液由紫红色变为蓝色即为终点。铬黑 T 与 Mg^{2+} 的配合物较其与 Ca^{2+} 的配合物稳定,如果水样中没有 Mg^{2+} 或含量很低,将导致终点变色不够敏锐,这时应加入少许 Mg-EDTA 溶液,或改用酸性铬蓝 K 作指示剂,以提高灵敏度,减少终点误差。

$$Ca^{2+} + Y^{4-} =\!=\!= CaY^{2-}, \quad lg\,K_{CaY} = 10.24$$
$$Mg^{2+} + Y^{4-} =\!=\!= MgY^{2-}, \quad lg\,K_{MgY} = 8.25$$
$$Ca^{2+} + EBT =\!=\!= CaEBT, \quad lg\,K_{CaEBT} = 3.80$$
$$Mg^{2+} + EBT =\!=\!= MgEBT, \quad lg\,K_{MgEBT} = 5.40$$

若水样中含有微量的 Fe^{3+}、Al^{3+}、Co^{2+}、Ni^{2+}、Ti^{4+} 会封闭铬黑 T 指示剂,从而干扰总硬度的测定,可用三乙醇胺、Na_2S 进行掩蔽。

3　仪器和药品

（1）仪器

烧杯（100 mL）,表面皿,容量瓶（250 mL）,锥形瓶（250 mL）,移液管（20 mL）,滴定管（50 mL）。

（2）药品

乙二胺四乙酸二钠（0.02 mol·L^{-1}）,$CaCO_3$（s）,HCl（1∶1）、铬黑 T 指示剂（s）,pH≈10 氨性缓冲溶液,Mg-EDTA 溶液。

4　实验步骤

（1）配制钙标准溶液

准确称取 0.5 g $CaCO_3$（±0.0001 g）,置于 100 mL 烧杯中,加几滴水润湿,盖上表面皿,缓慢滴加 HCl 至全部溶解,加 20 mL 水,小火煮沸 2 min,冷却后移入 250 mL 容量瓶,以水稀至刻度,摇匀。

（2）标定 EDTA 溶液

移取 20.00 mL 钙标准溶液于 250 mL 锥形瓶中,再加 30 mL 水及 3 mL Mg-EDTA,再加 5 mL pH≈10 氨性缓冲溶液及 0.1 g EBT 指示剂,立即继续用 EDTA 溶液滴至紫红色变蓝色（注意,近终点时要慢滴多摇）为终点。平行滴定三次,体积差不超过 0.05 mL,以平均体积计算 EDTA 溶液浓度。

（3）水样中总硬度测定

移取水样 20.00 mL,加入 30 mL 水,5 mL pH≈10 氨性缓冲溶液及 0.1g EBT 指示剂,立即用 EDTA 溶液滴定,近终点时慢滴多摇,滴至紫红色变蓝色为终点。平行滴定三次,体积差不超过 0.10 mL,以体积平均值计算总硬度,以 $CaCO_3$ mol·L^{-1} 表示（若 pH＞12,Ca^{2+}、Mg^{2+} 会有沉淀,需要它们呈游离态）。

5　思考题

① pH≈10 时为什么滴定的是 Ca^{2+}、Mg^{2+} 含量?

② 为什么在标定时要先加 3 mL Mg-EDTA 再加缓冲溶液和指示剂,然后继续滴定?

③ 如何判断水中 Mg^{2+} 的多少? 若 Mg^{2+} 太少或没有,应如何滴定?

实验 24　碳酸饮料中柠檬酸含量的测定

1　实验目的

① 学会配制和标定溶液浓度的方法。
② 掌握移液管、滴定管和容量瓶的正确使用方法。

2　实验原理

碳酸饮料中常添加柠檬酸作酸味剂、螯合剂、抗氧化增效剂等,使其口感柔和,增进食欲。由于柠檬酸的含量对食品味道有很大影响,并且是某些食品品质的一项重要检测指标,因此对食品中所含的柠檬酸进行定性与定量分析具有重要意义。

柠檬酸是一种较强的有机酸,能够电离三个 H^+ 与碱(如氢氧化钠)发生如下反应:

$$\begin{array}{l} H_2C{-}COOH \\ HO{-}C{-}COOH \\ H_2C{-}COOH \end{array} + 3NaOH \longrightarrow \begin{array}{l} H_2C{-}COONa \\ HO{-}C{-}COONa \\ H_2C{-}COONa \end{array} + 3H_2O$$

根据酸碱中和原理,以酚酞为指示剂,当滴定溶液呈粉红色且 30 s 不褪色时,根据消耗氢氧化钠溶液的体积,计算试样中柠檬酸的含量。

由于氢氧化钠(NaOH)易吸收水分及空气中的二氧化碳,不是基准物质,因此不能用直接法配制标准溶液。需要使用邻苯二甲酸氢钾(KHP)作为基准物质对其浓度进行标定。邻苯二甲酸氢钾无结晶水,在空气中性质稳定,是一种较好的基准物质。

$$\text{(COOH/COOK)} + NaOH \longrightarrow \text{(COONa/COOK)} + H_2O$$

化学计量点的产物邻苯二甲酸钾钠溶液为弱碱性,可选用酚酞作指示剂,滴定终点由无色变为浅红色。

由于碳酸饮料中溶解的 CO_2 以碳酸的形式存在并且在滴定过程中消耗部分 NaOH 溶液,从而影响柠檬酸的测定。因此,在滴定前首先要加热煮沸样品以除去 CO_2。

3 实验用品

（1）仪器

电子台秤,电子分析天平,滴定台,滴定管（50 mL）,烧杯,量筒,试剂瓶,移液管（25 mL）,锥形瓶,容量瓶（150 mL）,玻璃棒,pH 试纸,洗瓶,洗耳球。

（2）试剂

碳酸饮料（可用七喜、雪碧等无色饮料）,氢氧化钠,邻苯二甲酸氢钾,酚酞指示剂。

4 实验内容

（1）$0.05 \ mol \cdot L^{-1}$ NaOH 标准溶液的配制和标定

用电子台秤称取 NaOH 固体 1.0 g 于烧杯中,先加入 50 mL 蒸馏水完全溶解后转移至试剂瓶中,再加水稀释至 500 mL,充分摇匀后待标定。

取已配好的 $0.05 \ mol \cdot L^{-1}$ NaOH 标准溶液润洗滴定管 2~3 次,然后装满 NaOH 溶液至零刻度以上,打开活塞,赶走下端气泡,将滴定管上端的弯液面调至零刻度附近,静置片刻,记录初始读数（准确至小数点后第二位）。

用分析天平准确称取三份 0.2500~0.3000 g KPH,分别置于 250 mL 锥形瓶,各加入 25 mL 蒸馏水温热使之溶解。冷却后加入 3~4 滴酚酞,滴定溶液呈现微红色,30 s 内不褪色,即为终点。记录消耗 NaOH 溶液的体积,平行测定三份。

（2）准备待测样品

将饮料倒入烧杯中,搅拌加速 CO_2 的溢出,待溶液表面没有气泡后,定容至 150 mL 容量瓶中。为尽量减少 CO_2 对测量结果的影响,将定容后的溶液倒入干净的烧杯,加热至沸腾,有助于完全排出 CO_2 气体。冷却室温后重新转移至上述容量瓶中（煮沸过程有水分损失）,用少量蒸馏水洗涤烧杯并转移至容量瓶中,定容至刻度线,摇匀备用。

（3）柠檬酸浓度的测定

用移液管准确吸取 25.00 mL 上述处理液于锥形瓶中,加入适量蒸馏水稀释,然后加入 3~4 滴酚酞,滴定溶液呈现微红色,30 s 内不褪色,即为终点。记录消耗 NaOH 溶液的体积,平行测定三份,计算柠檬酸的含量。

4 实验结果

参考表 7.3,记录并整理实验数据。

5 思考题

滴定样品前,若没有加热煮沸样品以除去 CO_2 对测定结果有怎样的影响？

表 7.3　数据记录与整理

	实验组号	1	2	3
氢氧化钠标准溶液标定	KHP 的质量(g)			
	滴定前 NaOH 的体积(mL)			
	滴定后 NaOH 的体积(mL)			
	滴定消耗 NaOH 的体积(mL)			
	NaOH 溶液浓度(mol·L^{-1})			
	NaOH 溶液浓度的平均值(mol·L^{-1})			
碳酸饮料中柠檬酸的测定	滴定前 NaOH 的体积(mL)			
	滴定后 NaOH 的体积(mL)			
	滴定消耗 NaOH 的体积(mL)			
	柠檬酸的质量浓度(g·L^{-1})			
	柠檬酸的质量浓度平均值(g·L^{-1})			

6　拓展内容

柠檬酸属于单斜晶系,是各向异性晶体。当偏振光穿过晶体时会发生双折射,产生的两束光具有相同频率和固定光程差,发生干涉作用而呈现五彩斑斓的干涉色。日常生活中常用的白砂糖(主要成分蔗糖)、味精(主要成分谷氨酸钠)、食盐(主要成分氯化钠)溶解结晶后在偏光显微镜下能看到丰富的色彩;对于各向同性晶体,如氯化钠,由于其光学性质在各个方向相同而不产生干涉色,使用自然光观察其美丽形貌(见图 7.3)。

彩色图

图 7.3　柠檬酸、白砂糖、味精、食盐在显微镜下的图片放入调料瓶中呈现

液体经过“沉睡”形成晶体,伴随光的到来而“苏醒”,在暗夜里焕发光彩。生命犹如这些晶体,即使在深沉的黑暗里,也要努力绽放与闪耀,永远生机弥漫,熠熠生辉。

实验 25　维生素 C 药片或橙汁中维生素 C 含量的测定

1　实验目的

① 了解标定碘和硫代硫酸钠溶液浓度的基本原理和方法。
② 掌握直接碘量法测定维生素 C 含量的原理和方法。

2　实验原理

　　碘量法中常用的标准溶液主要有碘标准溶液和硫代硫酸钠标准溶液两种。碘标准溶液一般是先配成近似浓度,然后再进行标定。标定 I_2 溶液浓度最简单的方法是用三氧化二砷作基准物,但因为三氧化二砷为剧毒品,所以多采用硫代硫酸钠标准溶液进行标定。固体硫代硫酸钠试剂一般含有 Na_2SO_3、Na_2SO_4、$NaCl$ 等杂质,并且放置过程中易风化和潮解,因此不能直接配制标准浓度的溶液。本实验用 KIO_3 作基准物,新配制的淀粉为指示剂,采用间接碘量法对硫代硫酸钠溶液浓度进行标定。其反应式为

$$IO_3^- + 5I^- + 6H^+ = 3I_2 + 3H_2O$$
$$I_2 + 2S_2O_3^{2-} = 2I^- + S_4O_6^{2-}$$

　　碘量法在有机物分析中的应用十分广泛。一些具有能直接氧化 I^- 或还原 I_2 的官能团的有机物,或通过取代、加成、置换等反应后能与碘定量反应的有机物都可以采用直接或间接碘量法进行测定。

　　维生素 C 又称抗坏血酸,分子式 $C_6H_8O_6$,是一种对生物体具有重要的营养、调节和医疗作用的生物活性物质。维生素 C 具有还原性,可被 I_2 定量氧化,因而可用 I_2 标准溶液直接测定药片、饮料、蔬菜、水果等中维生素 C 的含量,滴定反应式如下:

　　由于维生素 C 的还原性很强,容易被溶液和空气中的氧气氧化,在碱性介质中这种氧化作用更强,因此滴定宜在酸性介质中进行,以减少副反应的发生。抗坏血酸在分析化学中常用于分光光度法和配位滴定法中作掩蔽剂和还原剂。

3　实验物品

(1) 仪器
电子天平,烧杯,容量瓶,吸耳球,移液管,移液管架,锥形瓶,滴定管,滴定台,量筒。

（2）试剂

$Na_2S_2O_3 \cdot 5H_2O(s)$，$I_2(s)$，$KIO_3(s)$，$KI(s)$，$Na_2CO_3(s)$，$HCl(6\ mol \cdot L^{-1})$，$H_2SO_4$（$1\ mol \cdot L^{-1}$），$HAc(2\ mol \cdot L^{-1})$，0.5%淀粉指示剂。

（3）材料

维生素 C 片，橙汁（统一鲜橙多、汇源橙汁）。

4　实验步骤

（1）$0.017\ mol \cdot L^{-1}$ KIO_3 标准溶液的配制

计算称取适量 KIO_3 置于 100 mL 烧杯中，用水溶解后定量转移至 250 mL 容量瓶中，定容摇匀。

（2）$0.1\ mol \cdot L^{-1}$ $Na_2S_2O_3$ 溶液的配制与标定

称取约 10 g $Na_2S_2O_3 \cdot 5H_2O$ 溶于 400 mL 煮沸并冷却的水中，加入约 0.1 g Na_2CO_3，搅拌均匀后转入棕色细口瓶，放置暗处两周后标定。用移液管准确移取 25.00 mL $0.017\ mol \cdot L^{-1}$ KIO_3 溶液，置于 250 mL 的锥形瓶中，加入 2 g KI 固体，溶解后加入 5 mL $1\ mol \cdot L^{-1}$ H_2SO_4 溶液及 100 mL 水，用 $Na_2S_2O_3$ 溶液滴定，当溶液由棕色转变为淡黄色，加入 5 mL 淀粉溶液，继续滴定至溶液蓝色褪去即为终点，记下消耗的 $Na_2S_2O_3$ 溶液体积，平行标定三份。计算 $Na_2S_2O_3$ 溶液的浓度。

（3）$0.05\ mol \cdot L^{-1}$ I_2 溶液的配制与标定

称取 14 g KI 于 400 mL 烧杯中，加 40 mL 水和约 4 g I_2，充分搅拌使 I_2 溶解完全，加水稀释至 300 mL，搅拌均匀。转移至棕色细口瓶中，放置于暗处。移取 25.00 mL $0.1\ mol \cdot L^{-1}$ $Na_2S_2O_3$ 溶液于 250 mL 锥形瓶中，加入 50 mL 水及 2 mL 淀粉指示剂，用 I_2 溶液滴定至溶液呈现稳定的蓝色，30 s 内不褪色即为终点。平行滴定三次，计算 I_2 溶液的浓度。

（4）维生素 C 药片中维生素 C 含量的测定

准确称取约 0.2 g 研碎的维生素 C 药片，置于 250 mL 锥形瓶中，加入 100 mL 新煮沸并冷却的蒸馏水和 10 mL $2\ mol \cdot L^{-1}$ HAc 溶液，轻摇使之溶解，加入 2 mL 淀粉指示剂，立即用 I_2 标准溶液滴定至溶液呈稳定的蓝色，而且在 30 s 内不褪色即为终点。平行测定三份，计算维生素药片中维生素 C 的含量。

（5）橙汁中维生素 C 含量的测定

移取 25.00 mL $0.05\ mol \cdot L^{-1}$ I_2 标准溶液加入到 250 mL 容量瓶中，定容摇匀。移取 50.00 mL 橙汁样品，置于 250 mL 锥形瓶中，加入新煮沸并冷却的 50 mL 水，2 mL 淀粉指示剂，用稀释 10 倍的 I_2 标准溶液滴定至稳定的蓝色，而且在 30 s 内不褪色即为终点。平行测定三份，计算橙汁中维生素 C 的含量。

5　思考题

① 为什么 $Na_2S_2O_3 \cdot 5H_2O$ 不能直接配制标准浓度的溶液？

② 为什么在接近滴定终点时才加入淀粉指示剂？

实验 26　洗洁精的配制

1　实验目的

① 掌握洗洁精的配制方法。

② 了解洗洁精各组分的性质及配方原理。

2　实验原理

洗洁精是常用的家用洗涤剂,起清洁去污及除菌、杀菌等作用,具有去油腻性好、简易卫生、使用方便的特性。洗洁精的主要成分是去污作用较好、安全性高、价格适中的阴离子表面活性剂,如烷基苯磺酸钠;一般还要复配非离子表面活性剂 6501 或 6502,起协调和增稠作用;另外还必须加入金属离子螯合剂、防腐剂、香精等成分。

设计洗洁精的配方结构时,应根据洗涤方式、污垢特点、被洗物特点以及其他功能要求,具体可归纳为以下几条:

(1) 基本原则

① 对人体安全无害。

② 能较好地洗净并除去动植物油垢,即使对黏附牢固的油垢也能除去。

③ 洗涤剂和清洗方式不损伤餐具、灶具和其他器皿。

④ 用手洗涤蔬菜和水果时,应无残留物,也不影响其外观和原有风味。

⑤ 手洗产品发泡性好。

⑥ 消毒洗涤剂应能有效地杀灭有害菌,而不危害人的安全。

⑦ 产品长期贮存稳定性好,不发霉变质。

(2) 配方特点

① 洗洁精应制成透明状液体,要设法调配成适当的浓度和黏度。

② 洗洁精都是以表面活性剂为主要活性物配制而成的,设计配方时,一定要充分考虑表面活性剂的配位效应,以及各种助剂的协同作用。如阴离子表面活性剂烷基聚氧乙烯醚硫酸酯盐与非离子表面活性剂烷基聚氧乙烯醚复配后,产品的泡沫性和去污力较好。配方中加入乙二醇单丁醚,则有助于去除油污。加入月桂酸二乙醇酰胺可以增泡和稳泡,可减轻对皮肤的刺激,并且可以增加介质的黏度。羊毛脂类衍生物可滋润皮肤。调整产品的黏度主要使用无机电解质。

③ 洗洁精一般是高碱性,主要为提高去污力和节省活性物,并降低成本。但 pH 不能大于 10.5。

④ 高档的餐具洗涤剂要加入釉面保护剂,如醋酸铅、甲酸铝、磷酸铝酸盐、硼酸酐及其混合物。

⑤ 加入少量香精和防腐剂。

（3）主要原料

洗洁精都是以表面活性剂为主要活性物配制而成。手工洗涤用的洗洁精主要使用烷基苯磺酸盐和烷基聚氧乙烯醚硫酸盐,其活性物含量为 10%～15%。

3　实验物品

1. 仪器

电子天平,电炉,水浴锅,电动搅拌器,温度计（0～100 ℃）,烧杯,量筒,滴管,玻璃棒,pH 试纸,磁力搅拌器。

2. 试剂

表面活性剂:脂肪醇聚氧乙烯醚硫酸钠（AES）、脂肪酸二乙醇酰胺（6501）、椰油酰胺丙基甜菜碱（CAB）;螯合剂:乙二胺四乙酸二钠（EDTA）;防腐剂:卡松;增稠剂:氯化钠;香精,硫酸（5%）,氢氧化钠（5%）。

4　实验步骤

1. 配方

配制洗洁精的原料名称及用量见表 7.4。

表 7.4　配制洗洁精的原料名称及用量

原料名称	用量（g）	原料名称	用量（g）
AES	5.0	卡松	0.1
6501	2.5	氯化钠	0.5
EDTA	0.05	香精	1～2 滴
CAB	1.5	去离子水	40 mL

2. 制作工艺

（1）将水浴锅中加入水并加热,烧杯中加入少量去离子水并加热至 60 ℃左右。

（2）加入 AES 并不断搅拌至全部溶解,此时水温要控制在 60～65 ℃。

（3）保持温度在 60～65 ℃,在连续搅拌下加入其他表面活性剂,搅拌至全部溶解。

（4）降温至 40 ℃以下加入香精、防腐剂、螯合剂、增稠剂,搅拌均匀。

（5）测溶液的 pH 值,用硫酸或氢氧化钠调节 pH 值至 7.0～8.0。

（6）加入氯化钠调节到所需黏度。调节之前应当把产品冷却到室温或测黏度时的标准温度,调节后即为成品。

5　思考题

① 洗洁精的 pH 应该控制在什么范围? 为什么?

② 溶解 AES 时,为什么需要控制水温在 60～65 ℃?

附　　录

附录 1　化学品安全技术说明书

　　化学品安全技术说明书（MSDS）是一份关于危险化学品燃爆性、毒性和环境危害，以及安全使用、泄漏应急处置、主要理化参数、法律法规等方面信息的综合性文件，国际上称作化学品安全信息卡（SDS）。

　　通过 MSDS 可获得所使用的化学品较为详细的综合信息，其中第 1～3 部分描述这种化学品是什么物质，有什么危害；第 4～6 部分提示危险情形已经发生时，应该怎么做；第 7～10 部分说明如何预防和控制危险发生；第 11～16 部分，给出其他一些关于危险化学品安全的重要信息。

第一部分　化学品及企业标识

（1）化学品标识

（2）企业标识

（3）应急咨询电话

（4）化学品推荐用途和限制用途

第二部分　危险性概述

（1）紧急情况概述

（2）危险性类别

（3）标签要素

（4）物理和化学危险

（5）健康危害

（6）环境危害

（7）其他危害

第三部分　成分/组成信息

（1）物质

（2）混合物

第四部分　急救措施

（1）急救措施的描述

（2）最重要的症状和健康影响

（3）对保护施救者的忠告

（4）对医生的特别提示

第五部分　消防措施

（1）灭火剂

（2）特别危险性

（3）灭火注意事项及保护措施

第六部分　泄漏应急处理

（1）人员保护措施，防护装备和应急处理程序

（2）环境保护措施

（3）泄漏化学品的收容清除方法及所使用的处置材料

（4）防止次生灾害的预防措施。

第七部分　操作处置与储存

（1）操作处置

（2）储存

第八部分　接触控制/个体防护

（1）职业接触限值

（2）生物限制

（3）监测方法

（4）工程控制

（5）个体防护装备

个体防护装备的使用，应与其他防护措施包括通风密封和隔离等相结合，以将化学品接触引起的疾患和损伤的可能性降至最低，本项应为个体防护装备的正确选择和使用提出建议。

第九部分　理化特性

第十部分　稳定性和反应性

（1）稳定性

（2）危险反应

（3）应避免的条件

（4）禁配物

（5）危险的分解产物

第十一部分　毒理学信息

第十二部分　生态学信息

第十三部分　废弃处置

（1）废弃化学品

（2）污染包装物

（3）废弃注意事项

第十四部分　运输信息

（1）联合国危险货物编号（UN 号）

（2）联合国运输名称

（3）联合国危险性类别

（4）包装类别

（5）包装标志

（6）海洋污染物

（7）运输注意事项

第十五部分 法规信息

目前只要针对下列相关的法律、法规、规章和标准，是否对该化学品的管理做了相应的规定。

（1）中华人民共和国职业病防治法

（2）危险化学品安全管理条例

（3）使用有毒物品作业场所劳动保护条例

（4）易制毒化学品管理条例

（5）国际公约

第十六部分 其他信息

其他信息要求提供 SDS 其他各部分没有包括的，对于下游用户安全使用化学品有重要意义的其他任何信息。主要涉及：

（1）编写和修订信息

（2）缩略语和首字母缩写

（3）培训建议

（4）参考文献

（5）免责声明

MSDS 是使用化学品最为专业和权威的书籍资料，也是了解化学品的危险性，评估实验风险，做好安全防护和应急预案最为有效的数据资料，实验人员要养成使用化学品前查阅 MSDS 数据的习惯。

附录 2 常用弱酸和弱碱的电离平衡常数

弱电解质	分 子 式	$T(℃)$	电离常数
砷 酸	H_3AsO_4	25 25 25	$K_1 = 5.5 \times 10^{-3}$ $K_2 = 1.7 \times 10^{-7}$ $K_3 = 5.1 \times 10^{-12}$
硼 酸	H_3BO_3	20	5.4×10^{-10}
碳 酸	H_2CO_3	25 25	$K_1 = 4.5 \times 10^{-7}$ $K_2 = 4.7 \times 10^{-11}$
氢氰酸	HCN	25	6.2×10^{-10}

续表

弱电解质	分子式	$T(℃)$	电离常数
铬　酸	H_2CrO_4	25 25	$K_1 = 1.8 \times 10^{-1}$ $K_2 = 3.2 \times 10^{-7}$
氢氟酸	HF	25	6.3×10^{-4}
亚硝酸	HNO_2	25	5.6×10^{-4}
过氧化氢	H_2O_2	25	2.3×10^{-12}
磷　酸	H_3PO_4	25 25 25	$K_1 = 6.9 \times 10^{-3}$ $K_2 = 6.2 \times 10^{-8}$ $K_3 = 4.8 \times 10^{-13}$
氢硫酸*	H_2S	25 25	$K_1 = 8.9 \times 10^{-8}$ $K_2 = 1.2 \times 10^{-13}$
硫　酸	HSO_4^-	25	1.0×10^{-2}
亚硫酸	H_3SO_3	25 25	$K_1 = 1.4 \times 10^{-2}$ $K_2 = 6.3 \times 10^{-8}$
偏硅酸	H_2SiO_3	30 30	$K_1 = 1 \times 10^{-10}$ $K_2 = 2 \times 10^{-12}$
甲　酸	HCOOH	25	1.8×10^{-4}
乙　酸	CH_3COOH	25	1.75×10^{-5}
一氯乙酸	$CH_2ClCOOH$	25	1.3×10^{-3}
草　酸	$H_2C_2O_4$	25 25	$K_1 = 5.6 \times 10^{-2}$ $K_2 = 1.5 \times 10^{-4}$
柠檬酸	$H_3C_6H_5O_7$	25 25 25	$K_1 = 7.4 \times 10^{-4}$ $K_2 = 1.7 \times 10^{-5}$ $K_3 = 4.0 \times 10^{-7}$
氨　水	NH_3	25	1.8×10^{-5}
羟　胺**	NH_2OH		9.1×10^{-9}
氢氧化银**	AgOH		1.1×10^{-4}
氢氧化铅**	$Pb(OH)_2$		$K_1 = 9.5 \times 10^{-4}$
氢氧化锌**	$Zn(OH)_2$		$K_1 = 9.5 \times 10^{-4}$

摘自:《CRC Handbook of Chemistry and Physics》,第 91 版,2010。

* 数据摘自:《Lange's Handbook of Chemistry》,第 16 版,2005。

＊＊数据摘自:《实用化学手册》,科学出版社,2001。

附录 3　配合物的稳定常数

（298 K，离子强度 $I = 0$）

1. 金属-无机配合物的稳定常数部分

金属离子	配位体数目 n	$\lg \beta_n$
氨配合物		
Ag^+	1,2	3.24;7.05
Cd^{2+}	1,2,3,4,5,6	2.65;4.75;6.19;7.12;6.80;5.14
Co^{2+}	1,2,3,4,5,6	2.11;3.74;4.79;5.55;5.73;5.11
Co^{3+}	1,2,3,4,5,6	6.7;14.0;20.1;25.7;30.8;35.2
Cu^+	1,2	5.93;10.86
Cu^{2+}	1,2,3,4,5	4.31;7.98;11.02;13.32;12.86
Ni^{2+}	1,2,3,4,5,6	2.08;5.04;6.77;6.96;8.17;8.74
Zn^{2+}	1,2,3,4	2.37;4.61;7.31;9.46
溴配合物		
Ag^+	1,2,3,4	4.38;7.33;8.00;8.73
Bi^{3+}	1,2,3,4,5,6	2.37;4.20;5.90;7.30;8.20;8.30
Cd^{2+}	1,2,3,4	1.75;2.34;3.32;3.70
Cu^+	2	5.89
Hg^{2+}	1,2,3,4	9.05;17.32;19.74;21.00
氯配合物		
Ag^+	1,2,4	3.04;5.04;5.30
Hg^{2+}	1,2,3,4	6.74;13.22;14.07;15.07
Sn^{2+}	1,2,3,4	1.51;2.24;2.03;1.48
Sb^{3+}	1,2,3,4	2.26;3.49;4.18;4.72
氰配合物		
Ag^+	2,3,4	21.1;21.7;20.6
Cd^{2+}	1,2,3,4	5.48;10.60;15.23;18.78
Cu^+	2,3,4	24.0;28.59;30.30
Fe^{2+}	6	35.0
Fe^{3+}	6	42.0
Hg^{2+}	4	41.4
Ni^{2+}	4	31.3
Zn^{2+}	1,2,3,4	5.3;11.70;16.70;21.60

金属离子	配位体数目 n	$\lg \beta_n$
氟配合物		
Al^{3+}	1,2,3,4,5,6	6.11;11.12;15.00;18.00;19.40;19.80
Fe^{3+}	1,2,3,5	5.28;9.30;12.06;15.77;
Th^{4+}	1,2,3,4	8.44;15.08;19.80;23.20
TiO^{2+}	1,2,3,4	5.4;9.8;13.7;18.0
碘配合物		
Ag^+	1,2,3	6.58;11.74;13.68
Bi^{3+}	1,4,5,6	3.63;14.95;16.80;18.80
Cd^{2+}	1,2,3,4	2.10;3.43;4.49;5.41
Pb^{2+}	1,2,3,4	2.00;3.15;3.92;4.47
Hg^{2+}	1,2,3,4	12.87;23.82;27.60;29.83
硫氰酸配合物		
Ag^+	1,2,3,4	4.6;7.57;9.08;10.08
Cu^+	1,2	12.11;5.18
Fe^{3+}	1,2,3,4,5,6	2.21;3.64;5.00;6.30;6.20;6.10
Hg^{2+}	1,2,3,4	9.08;16.86;19.70;21.70
硫代硫酸配合物		
Ag^+	1,2	8.82;13.46
Cu^+	1,2,3	10.27;12.22;13.84
Hg^{2+}	2,3,4	29.44;31.90;33.24
Pb^{2+}	2,3	5.13;6.35
氢氧基配合物		
Al^{3+}	1,4	9.27;33.03
Bi^{3+}	1,2,4	12.7;15.8;35.2
Cd^{2+}	1,2,3,4	4.17;8.33;9.02;8.62
Co^{2+}	1,2,3,4	4.3;8.4;9.7;10.2
Cr^{3+}	1,2,4	10.1;17.8;29.9
Fe^{2+}	1,2,3,4	5.56;9.77;9.67;8.58
Fe^{3+}	1,2,3	11.87;21.17;29.67
Hg^{2+}	1,2,3	10.62;21.8;20.9
Mg^{2+}	1	2.58

金属离子	配位体数目 n	$\lg \beta_n$
Mn^{2+}	1.3	3.9；8.3
Ni^{2+}	1,2,3	4.97；8.55；11.33
Pb^{2+}	1,2,3	7.82；10.85；14.58
Th^{3+}	1,2	12.86；25.37
Zn^{2+}	1,2,3,4	4.40；11.30；14.14；17.66

2. 金属-有机配位体配合物的稳定常数部分

金属离子	配位体数目 n	$\lg \beta_n$
乙酰丙酮配合物		
Al^{3+}（30 ℃）	1,2	8.60；15.5
Cu^{2+}	1,2	8.27；16.34
Fe^{2+}	1,2	5.07；8.67
Fe^{3+}	1,2,3	11.4；22.1；26.7
Ni^{2+}（20 ℃）	1,2,3	6.06；10.77；13.09
Zn^{2+}（30 ℃）	1,2	4.98；8.81
草酸配合物		
Al^{3+}	1,2,3	7.26；13.0；16.3
Cd^{2+}	1,2	3.52；5.77
Co^{2+}	1,2,3	4.79；6.7；9.7
Cu^{2+}	1,2	6.23；10.27
Fe^{2+}	1,2,3	2.9；4.52；5.22
Fe^{3+}	1,2,3	9.4；16.2；20.2
Mg^{2+}	1,2	3.43；4.38
Mn^{3+}	1,2,3	9.98；16.57；19.42
Ni^{2+}	1,2,3	5.3；7.64；8.5
Th^{4+}	4	24.5
Zn^{2+}	1,2,3	4.89；7.60；8.15
磺基水杨酸配合物		
Al^{3+}	1,2,3	13.20；22.83；28.89
Cd^{2+}	1,2	16.68；29.08
Co^{2+}	1,2	6.13；9.82
Cr^{3+}	1	9.56
Cu^{2+}	1,2	9.52；16.45
Fe^{2+}	1,2	5.90；9.90
Fe^{3+}	1,2,3	14.64；25.18；32.12
Ni^{2+}	1,2	6.24；10.24
Zn^{2+}	1,2	6.05；10.65

金属离子	配位体数目 n	$\lg \beta_n$
酒石酸配合物		
Bi^{3+}	3	8.30
Ca^{2+}	1,2	2.98;9.01
$Cd^{2+} Cu^{2+}$	1	2.8
Fe^{3+}	1,2,3,4	3.2;5.11;4.78;6.51
Mg^{2+}	1	7.49
Pb^{2+}	2	1.36
Zn^{2+}	1,3	3.78;4.7
	1,2	2.38;8.32
乙二胺配合物		
Ag^+	1,2	4.70;7.70
Cd^{2+}(20 ℃)	1,2,3	5.47;10.09;12.09
Co^{2+}	1,2,3	5.91;10.64;13.94
Co^{3+}	1,2,3	18.70;34.90;48.69
Cu^+	2	10.8
Cu^{2+}	1,2,3	10.67;20.00;21.0
Fe^{2+}	1,2,3	4.34;7.65;9.70
Hg^{2+}	1,2	14.3;23.3
Mn^{2+}	1,2,3	2.73;4.49;5.67
Ni^{2+}	1,2,3	7.52;13.84;18.33
Zn^{2+}	1,2,3	5.77;10.83;14.11
硫脲配合物		
Ag^+	1,2	7.4;13.1
Bi^{3+}	6	11.9
Cu^+	3,4	13.0;15.4
Hg^{2+}	2,3,4	22.1;24.7;26.8

附录4　酸性溶液中标准电极电势

(298.15 K)

元素符号	电极反应	$E^{\ominus}$(V)
Ag	$Ag^+ + e \rightleftharpoons Ag$	0.7996
	$AgCl + e \rightleftharpoons Ag + Cl^-$	+ 0.2223
	$AgBr + e \rightleftharpoons Ag + Br^-$	+ 0.0713
Al	$Al^{3+} + 3e \rightleftharpoons Al$	− 1.662
As	$H_3AsO_4 + 2H^+ + 2e \rightleftharpoons HAsO_2 + 2H_2O$	+ 0.560
	$HAsO_2 + 3H^+ + 3e \rightleftharpoons As + 2H_2O$	+ 0.248

元素符号	电极反应	$E^{\ominus}$（V）
Bi	$BiO^+ + 2H^+ + 3e \Longrightarrow Bi + H_2O$	+ 0.320
	$BiOCl + 2H^+ + 3e \Longrightarrow Bi + H_2O + Cl^-$	0.1583
Br	$Br_2(l) + 2e \Longrightarrow 2Br^-$	+ 1.066
	$BrO_3^- + 6H^+ + 5e \Longrightarrow \frac{1}{2}Br_2 + 3H_2O$	+ 1.482
Ca	$Ca^{2+} + 2e \Longrightarrow Ca$	− 2.868
Cl	$HClO_2 + 2H^+ + 2e \Longrightarrow HClO + H_2O$	+ 1.645
	$HClO + H^+ + e \Longrightarrow \frac{1}{2}Cl_2 + H_2O$	+ 1.611
	$ClO_3^- + 6H^+ + 5e \Longrightarrow \frac{1}{2}Cl_2 + 3H_2O$	+ 1.47
	$ClO_3^- + 6H^+ + 6e \Longrightarrow Cl^- + 3H_2O$	+ 1.451
	$Cl_2(g) + 2e \Longrightarrow 2Cl$	1.35827
	$ClO_4^- + 2H^+ + 2e \Longrightarrow ClO_3^- + H_2O$	+ 1.189
	$ClO_3^- + 3H^+ + 2e \Longrightarrow HClO_2 + H_2O$	+ 1.214
	$ClO_2 + H^+ + e \Longrightarrow HClO_2$	+ 1.277
Co	$Co^{3+} + 2e \Longrightarrow Co^{2+}$	+ 1.92
Cr	$Cr_2O_7^{2-} + 14H^+ + 6e \Longrightarrow 2Cr^{3+} + 7H_2O$	+ 1.36
Cu	$Cu^+ + e \Longrightarrow Cu$	+ 0.521
	$Cu^{2+} + 2e \Longrightarrow Cu$	+ 0.3419
	$Cu^{2+} + e \Longrightarrow Cu^+$	+ 0.153
Fe	$Fe^{3+} + e \Longrightarrow Fe^{2+}$	+ 0.771
	$Fe(CN)_6^{3-} + e \Longrightarrow Fe(CN)_6^{4-}$	+ 0.358
	$Fe^{2+} + 2e \Longrightarrow Fe$	− 0.447
H	$2H^+ + 2e \Longrightarrow H_2$	0.00000
Hg	$Hg^{2+} + 2e \Longrightarrow Hg$	+ 0.851
	$Hg_2^{2+} + 2e \Longrightarrow 2Hg$	+ 0.7973
	$Hg_2Cl_2 + 2e \Longrightarrow 2Hg + 2Cl^-$	+ 0.26808
	$2Hg^{2+} + 2e \Longrightarrow Hg_2^{2+}$	+ 0.920
I	$2HIO + 2H^+ + 2e \Longrightarrow I_2 + 2H_2O$	+ 1.439
	$2IO_3^- + 12H^+ + 10e \Longrightarrow I_2 + 6H_2O$	+ 1.195
	$I_3^- + 2e \Longrightarrow 3I^-$	+ 0.536
	$I_2 + 2e \Longrightarrow 2I^-$	+ 0.5355

元素符号	电极反应	$E^{\ominus}$ (V)
K	$K^+ + e \Longleftrightarrow K$	-2.931
Mg	$Mg^{2+} + 2e \Longleftrightarrow Mg$	-2.372
Mn	$MnO_4^- + 4H^+ + 3e \Longleftrightarrow MnO_2 + 2H_2O$	$+1.679$
	$MnO_4^- + 8H^+ + 5e \Longleftrightarrow Mn^{2+} + 4H_2O$	$+1.507$
	$MnO_2 + 4H^+ + 2e \Longleftrightarrow Mn^{2+} + 2H_2O$	$+1.224$
	$MnO_4^- + e \Longleftrightarrow MnO_4^{2-}$	$+0.558$
	$Mn^{2+} + 2e \Longleftrightarrow Mn$	-1.185
N	$HNO_2 + H^+ + e \Longleftrightarrow NO + H_2O$	$+0.983$
	$NO_3^- + 3H^+ + 2e \Longleftrightarrow HNO_2 + H_2O$	$+0.934$
	$NO_3^- + 4H^+ + 3e \Longleftrightarrow NO + 2H_2O$	$+0.957$
	$2NO_3^- + 4H^+ + 2e \Longleftrightarrow N_2O_4 + 2H_2O$	$+0.803$
	$N_2O_4 + 4H^+ + 4e \Longleftrightarrow 2NO + 2H_2O$	$+1.035$
	$N_2O_4 + 2H^+ + 2e \Longleftrightarrow 2HNO_2$	$+1.065$
Na	$Na^+ + e \Longleftrightarrow Na$	-2.71
O	$O_2 + 4H^+ + 4e \Longleftrightarrow 2H_2O$	$+1.229$
	$H_2O_2 + 2H^+ + 2e \Longleftrightarrow 2H_2O$	$+1.776$
	$O_2 + 2H^+ + 2e \Longleftrightarrow H_2O_2$	$+0.695$
P	$H_3PO_4 + 2H^+ + 2e \Longleftrightarrow H_3PO_3 + H_2O$	-0.276
Pb	$PbO_2 + SO_4^{2-} + 4H^+ + 2e \Longleftrightarrow PbSO_4 + 2H_2O$	$+1.6913$
	$PbO_2 + 4H^+ + 2e \Longleftrightarrow Pb^{2+} + 2H_2O$	$+1.455$
	$Pb^{2+} + 2e \Longleftrightarrow Pb$	-0.1262
Pb	$PbSO_4 + 2e \Longleftrightarrow Pb + SO_4^{2-}$	-0.3588
	$PbI_2 + 2e \Longleftrightarrow Pb + 2I^-$	-3.65
	$PbCl_2 + 2e \Longleftrightarrow Pb + 2Cl^-$	-0.2675
S	$S + 2H^+ + 2e \Longleftrightarrow H_2S(aq)$	$+0.142$
	$S_4O_6^{2-} + 2e \Longleftrightarrow 2S_2O_3^{2-}$	$+0.08$
	$H_2SO_3 + 4H^+ + 4e \Longleftrightarrow S + H_2O$	$+0.449$
	$SO_4^{2-} + 4H^+ + 2e \Longleftrightarrow H_2SO_3 + H_2O$	$+0.172$
	$S_2O_8^{2-} + 2e \Longleftrightarrow 2SO_4^{2-}$	$+2.010$
	$S_2O_8^{2-} + 2H^+ + 2e \Longleftrightarrow HSO_4^-$	$+2.123$
Sb	$Sb_2O_3 + 6H^+ + 6e \Longleftrightarrow 2Sb + 3H_2O$	$+0.152$
	$Sb_2O_5 + 6H^+ + 4e \Longleftrightarrow 2SbO^+ + 3H_2O$	$+0.581$

续表

元素符号	电极反应	$E^{\ominus}$(V)
Sn	$Sn^{4+} + 2e \rightleftharpoons Sn^{2+}$	$+0.151$
V	$VO^{2+} + 2H^+ + e \rightleftharpoons V^{3+} + H_2O$	$+0.337$
Zn	$Zn^{2+} + 2e \rightleftharpoons Zn$	-0.7618

摘自:《CRC Handbook of Chemistry and Physics》,第 91 版,2010。

附录5　碱性溶液中标准电极电势

(298.15K)

元素符号	电极反应	$E^{\ominus}$(V)
Ag	$Ag_2S + 2e \rightleftharpoons 2Ag + S^{2-}$	-0.691
	$Ag_2O + H_2O + 2e \rightleftharpoons 2Ag + 2OH^-$	$+0.342$
Al	$H_2AlO_3^- + H_2O + 3e \rightleftharpoons Al + 4OH^-$	-2.33
	$Al(OH)_4^- + 3e \rightleftharpoons Al + 4OH^-$	-2.328
As	$AsO_2^- + 2H_2O + 3e \rightleftharpoons As + 4OH^-$	-0.68
	$AsO_4^{3-} + 2H_2O + 2e \rightleftharpoons AsO_2^- + 4OH^-$	-0.71
Br	$BrO_3^- + 3H_2O + 6e \rightleftharpoons Br^- + 6OH^-$	$+0.61$
	$BrO^- + H_2O + 2e \rightleftharpoons Br^- + 2OH^-$	$+0.761$
Cl	$ClO_3^- + H_2O + 2e \rightleftharpoons ClO_2^- + 2OH^-$	$+0.33$
	$ClO_4^- + H_2O + 2e \rightleftharpoons ClO_3^- + 2OH^-$	$+0.36$
	$ClO_2^- + H_2O + 2e \rightleftharpoons ClO^- + 2OH^-$	$+0.66$
	$ClO^- + H_2O + 2e \rightleftharpoons Cl^- + 2OH^-$	$+0.841$
Co	$Co(OH)_2 + 2e \rightleftharpoons Co + 2OH^-$	-0.73
	$Co(OH)_3 + e \rightleftharpoons Co(OH)_2 + OH^-$	$+0.17$
Cr	$Cr(OH)_3 + 3e \rightleftharpoons Cr + 3OH^-$	-1.48
	$CrO_2^- + 2H_2O + 3e \rightleftharpoons Cr + 4OH^-$	-1.2
	$CrO_4^{2-} + 4H_2O + 3e \rightleftharpoons Cr(OH)_3 + 5OH^-$	-0.13
Cu	$Cu_2O + H_2O + 2e \rightleftharpoons 2Cu + 2OH^-$	-0.360
Fe	$Fe(OH)_3 + e \rightleftharpoons Fe(OH)_2 + OH^-$	-0.56
H	$2H_2O + 2e \rightleftharpoons H_2 + 2OH^-$	-0.8277
Hg	$HgO + H_2O + 2e \rightleftharpoons Hg + 2OH^-$	$+0.0977$
I	$IO_3^- + 3H_2O + 6e \rightleftharpoons I^- + 6OH^-$	$+0.26$
	$IO^- + H_2O + 2e \rightleftharpoons I^- + 2OH^-$	$+0.485$
Mg	$Mg(OH)_2 + 2e \rightleftharpoons Mg + 2OH^-$	-2.690

元素符号	电极反应	$E^{\ominus}(\text{V})$
Mn	$MnO_4^- + 2H_2O + 3e \Longrightarrow MnO_2 + 4OH^-$	$+0.595$
	$MnO_4^{2-} + 2H_2O + 2e \Longrightarrow MnO_2 + 4OH^-$	$+0.60$
	$Mn(OH)_2 + 2e \Longrightarrow Mn + 2OH^-$	-1.56
	$MnO_2 + 2H_2O + 2e \Longrightarrow Mn(OH)_2 + 2OH^-$	-0.05
N	$NO_3^- + H_2O + 2e \Longrightarrow NO_2^- + 2OH^-$	$+0.01$
O	$O_2 + 2H_2O + 4e \Longrightarrow 4OH^-$	$+0.401$
	$HO_2^- + H_2O + 2e \Longrightarrow 3OH^-$	$+0.878$
S	$S + 2e \Longrightarrow S^{2-}$	-0.47627
	$SO_4^{2-} + H_2O + 2e \Longrightarrow SO_3^{2-} + 2OH^-$	-0.93
	$2SO_3^{2-} + 3H_2O + 4e \Longrightarrow S_2O_3^{2-} + 6OH^-$	-0.571
	$S_4O_6^{2-} + 2e \Longrightarrow 2S_2O_3^{2-}$	$+0.08$
Sb	$SbO_2^- + 2H_2O + 3e \Longrightarrow Sb + 4OH^-$	-0.66
Sn	$Sn(OH)_6^{2-} + 2e \Longrightarrow HSnO_2^- + 3OH^- + H_2O$	-0.93
	$HSnO_2^- + H_2O + 2e \Longrightarrow Sn + 3OH^-$	-0.909

摘自:《CRC Handbook of Chemistry and Physics》,第 91 版,2010。

附录 6　常见难溶电解质的溶度积

(298.15 K)

难溶电解质	K_{sp}	难溶电解质	K_{sp}
AgBr	5.35×10^{-13}	$Ni(OH)_2$	2×10^{-15}
AgCl	1.77×10^{-10}	$NiS(\alpha)^*$	3.2×10^{-19}
Ag_2CrO_4	1.12×10^{-12}	$NiS(\beta)^*$	1.0×10^{-24}
AgI	8.52×10^{-17}	$NiS(\gamma)^*$	2.0×10^{-36}
Ag_2SO_4	1.2×10^{-5}	$PbCO_3$	7.40×10^{-14}
$Al(OH)_3^*$	1.3×10^{-33}	$PbCl_2$	1.70×10^{-5}
$BaCrO_4$	1.17×10^{-10}	$PbCrO_4^*$	2.8×10^{-13}
$BaCO_3$	2.58×10^{-9}	PbF_2	3.3×10^{-8}
$BaSO_4$	1.08×10^{-10}	$Pb(OH)_2$	1.2×10^{-15}
$CaCO_3$	3.36×10^{-9}	PbI_2	9.8×10^{-9}
$CaC_2O_4 \cdot H_2O$	2.32×10^{-9}	$PbSO_4$	2.53×10^{-8}

难溶电解质	K_{sp}	难溶电解质	K_{sp}
$Ca_3(PO_4)_2$	2.07×10^{-33}	PbS^*	8.0×10^{-28}
CaF_2	3.45×10^{-11}	$SrCO_3$	5.6×10^{-10}
$CaSO_4$	4.93×10^{-5}	$SrSO_4$	3.44×10^{-7}
$Cd(OH)_2$	7.2×10^{-15}	$ZnCO_3$	1.46×10^{-10}
CdS^*	8.2×10^{-27}	$Zn(OH)_2$	3×10^{-17}
$Co(OH)_2$	5.92×10^{-15}	$ZnS(\alpha)^*$	1.6×10^{-24}
$CoS(\alpha)^*$	4.0×10^{-21}	$ZnS(\beta)^*$	2.5×10^{-22}
$CoS(\beta)^*$	2×10^{-25}	Hg_2Cl_2	1.43×10^{-18}
$Cr(OH)_3^*$	6.3×10^{-31}	$HgS(黑)^*$	1.6×10^{-52}
$CuBr$	6.27×10^{-9}	$HgS(红)^*$	4×10^{-53}
$CuCl$	1.72×10^{-7}	$MgCO_3$	6.82×10^{-6}
CuI	1.17×10^{-12}	$Mg(OH)_2$	5.61×10^{-12}
CuS^*	6.3×10^{-36}	$Mn(OH)_2^*$	1.9×10^{-13}
$Fe(OH)_2$	4.87×10^{-17}	MnS^*	2.5×10^{-13}
FeS	6.3×10^{-18}		
$Fe(OH)_3$	2.79×10^{-39}		

摘自:《CRC Handbook of Chemistry and Physics》,第 91 版,2010。

＊数据摘自:《Lange's Handbook of Chemistry》,第 16 版,2005。

附录 7　元素名称和相对原子质量

元素		原子量	元素		原子量	元素		原子量	元素		原子量
符号	名称		符号	名称		符号	名称		符号	名称	
Ac^*	锕	227.0	At^*	砹	210.0	Bi	铋	209.0	Ce	铈	140.1
Ag	银	107.9	Au	金	197.0	Bk^*	锫	247.1	Cf^*	锎	251.1
Al	铝	26.98	B	硼	10.81	Br	溴	79.90	Cl	氯	35.45
Am^*	镅	243.1	Ba	钡	137.3	C	碳	12.01	Cm^*	锔	247.1
Ar	氩	39.95	Be	铍	9.012	Ca	钙	40.08	Cn^*	鿔	277.0
As	砷	74.92	Bh^*	𬭛	264.1	Cd	镉	112.4	Co	钴	58.93

续表

元素		原子量	元素		原子量	元素		原子量	元素		原子量
符号	名称		符号	名称		符号	名称		符号	名称	
Cr	铬	52.00	La	镧	138.9	Pu*	钚	244.1	Uup*		—
Cs	铯	132.9	Li	锂	6.941	Ra*	镭	226.0	Uus*		—
Cu	铜	63.55	Lr	铹	260.1	Rb	铷	85.47	Uut*		—
Db*	𬭊	262.1	Lu	镥	175.0	Re	铼	186.2	V	钒	50.94
Ds*	𫟼	271.0	Lv*	𫟷	289.0	Rf*	𬬻	261.1	W	钨	183.8
Dy	镝	162.5	Md*	钔	258.1	Rg*	𬬭	272.0	Xe	氙	131.3
Er	铒	167.3	Mg	镁	24.31	Rh	铑	102.9	Y	钇	88.91
Es*	锿	252.1	Mn	锰	54.94	Rn*	氡	222.0	Yb	镱	173.0
Eu	铕	152.0	Mo	钼	95.94	Ru	钌	101.1	Zn	锌	65.41
F	氟	19.00	Mt*	䥑	266.1	S	硫	32.07	Zr	锆	91.22
Fe	铁	55.85	N	氮	14.01	Sb	锑	121.8			
Fl*	𫓧	289.0	Na	钠	22.99	Sc	钪	44.96			
*Fm	镄	257.1	Nb	铌	92.91	Se	硒	78.96			
*Fr	钫	223.0	Nd	钕	144.2	Sg	𬭳	263.1			
Ga	镓	69.72	Ne	氖	20.18	Si	硅	28.09			
Gd	钆	157.3	Ni	镍	58.69	Sm	钐	150.4			
Ge	锗	72.64	*No	锘	259.1	Sn	锡	118.7			
H	氢	1.008	*Np	镎	237.0	Sr	锶	87.62			
He	氦	4.003	O	氧	16.00	Ta	钽	180.9			
Hf	铪	178.5	Os	锇	190.2	Tb	铽	158.9			
Hg	汞	200.6	P	磷	30.97	*Tc	锝	97.91			
Ho	钬	164.9	*Pa	镤	231.0	Te	碲	127.6			
*Hs	𬭛	265.1	Pb	铅	207.2	*Th	钍	232.0			
I	碘	126.9	Pd	钯	106.4	Ti	钛	47.87			
In	铟	114.8	*Pm	钷	144.9	Tl	铊	204.4			
Ir	铱	192.2	*Po	钋	209.0	Tm	铥	168.9			
K	钾	39.10	Pr	镨	140.9	*U	铀	238.0			
Kr	氪	83.80	Pt	铂	195.1	*Uuo		—			

摘自:华彤文,王颖霞,卞江,陈景祖所编写的《普通化学原理》,第 4 版,2018。

注:按元素符号字母顺序排列;带 * 的是放射性元素,数值取元素最长寿命同位素的相对原子质量或质量数。

附录 8　常用基准物质的干燥条件及应用

名　称	干　燥　条　件	应　用
碳酸钙	110~120 ℃保持 2 h,于干燥器中冷却	标定 EDTA 溶液
邻苯二甲酸氢钾	110~120 ℃干燥至恒重,于干燥器中冷却	标定 NaOH 溶液
重铬酸钾	100~110 ℃保持 3~4 h,于干燥器中冷却	标定 $Na_2S_2O_3$、$FeSO_4$ 溶液
碘酸钾	120~140 ℃保持 2 h,于干燥器中冷却	标定 $Na_2S_2O_3$ 溶液
碳酸钠	550~650 ℃保持 50 min,于干燥器中冷却	标定 HCl、H_2SO_4 溶液
草酸钠	150~200 ℃保持 2 h,于干燥器中冷却	标定 $KMnO_4$ 溶液
硝酸银	280~290 ℃干燥至恒重	标定卤化物及硫氰酸盐溶液
氯化钠	550~650 ℃保持 50 min,于干燥器中冷却	标定 $AgNO_3$ 溶液

附录 9　市售酸碱试剂的浓度、含量及密度

试剂	浓度($mol \cdot L^{-1}$)	含量(%)	密度($g \cdot mL^{-1}$)
乙酸	6.2~6.4	36.0~37.0	1.04
氨水	12.9~14.8	25~28	0.88
盐酸	11.7~12.4	36~38	1.18~1.19
硫酸	17.8~18.4	95~98	1.83~1.84
硝酸	14.4~15.2	65~68	1.39~1.40
磷酸	14.6	85.0	1.69
氢氟酸	27.4	40	1.13

附录 10　常见的缓冲溶液及配制方法

序号	溶液名称	配置方法	pH
1	氯化钾-盐酸	13.0 mL 0.2 mol·L^{-1} HCl 与 25.0 mL 0.2 mol·L^{-1} KCl 混合均匀后,加水稀释至 100 mL	1.7
2	氨基乙酸-盐酸	在 500 mL 水中溶解氨基乙酸 150 g,加 480 mL 浓盐酸,再加水稀释至 1 L	2.3
3	一氯乙酸-氢氧化钠	在 200 mL 水中溶解 2 g 一氯乙酸后,加 40 g NaOH,溶解完全后加水稀释至 1 L	2.8
4	邻苯二甲酸氢钾-盐酸	把 25.0 mL 0.2 mol·L^{-1} 的邻苯二甲酸氢钾溶液与 6.0 mL 0.1 mol·L^{-1} HCl 混合均匀,加水稀释至 100 mL	3.6
5	邻苯二甲酸氢钾-氢氧化钠	把 25.0 mL 0.2 mol·L^{-1} 的邻苯二甲酸氢钾溶液与 17.5 mL 0.1 mol·L^{-1} NaOH 混合均匀,加水稀释至 100 mL	4.8
6	六亚甲基四胺-盐酸	把 25.0 mL 0.2 mol·L^{-1} 的磷酸二氢钾与 23.6 mL 0.1 mol·L^{-1} NaOH 混合均匀,加水稀释至 100 mL	5.4
7	磷酸二氢钾-氢氧化钠	把 25.0 mL 0.2 mol·L^{-1} 的磷酸二氢钾与 23.6 mL 0.1 mol·L^{-1} NaOH 混合均匀,加水稀释至 100 mL	6.8
8	硼酸-氯化钾-氢氧化钠	把 25.0 mL 0.2 mol·L^{-1} 的硼酸-氯化钾与 4.0 mL 0.1 mol·L^{-1} NaOH 混合均匀,加水稀释至 100 mL	8.0
9	氯化铵-氨水	把 0.1 mol·L^{-1} 氯化铵与 0.1 mol·L^{-1} 氨水以 2:1 比例混合均匀	9.1
10	硼酸-氯化钾-氢氧化钠	把 25.0 mL 0.2 mol·L^{-1} 硼酸-氯化钾与 43.9 mL 0.1 mol·L^{-1} NaOH 混合均匀,加水稀释至 100 mL	10.0
11	氨基乙酸-氯化钠-氢氧化钠	把 49.0 mL 0.1 mol·L^{-1} 氨基乙酸-氯化钠与 51.0 mL 0.1 mol·L^{-1} NaOH 混合均匀	11.6
12	磷酸氢二钠-氢氧化钠	把 50.0 mL 0.05 mol·L^{-1} Na_2HPO_4 与 26.9 mL 0.1 mol·L^{-1} NaOH 混合均匀,加水稀释至 100 mL	12.0
13	氯化钾-氢氧化钠	把 25.0 mL 0.2 mol·L^{-1} KCl 与 66.0 mL 0.2 mol·L^{-1} NaOH 混合均匀,加水稀释至 100 mL	13.0

参 考 文 献

［1］ 北京大学化学与分子工程学院普通化学实验教学组.普通化学实验[M].3 版.北京:北京大学出版社,2012.

［2］ 孙尔康,张剑荣,王玲,等.普通化学实验[M].南京:南京大学出版社,2015.

［3］ 周先波,魏旻晖.普通化学实验[M].北京:化学工业出版社,2020.

［4］ 庄京,欧阳琛,王训.无机及分析化学实验[M].北京:高等教育出版社,2022.

［5］ 中国科学技术大学无机化学实验课程组.无机化学实验[M].合肥:中国科学技术大学出版社,2012.

［6］ 田玉美.新大学化学实验[M].北京:科学出版社,2018.

［7］ 李厚金,石建新,邹小勇.基础化学实验[M].北京:科学出版社,2015.

［8］ 查正根,郑小琦,汪志勇,等.有机化学实验[M].2 版.合肥:中国科学技术大学出版社,2019.

［9］ 金谷,姚奇志,江万权,等.分析化学实验[M].2 版.合肥:中国科学技术大学出版社,2019.

［10］ 冯红艳,朱平平,郑媛,等.化学实验安全知识[M].北京:高等教育出版社,2021.

［11］ 华彤文,王颖霞,卞江,等.普通化学原理[M].4 版.北京:北京大学出版社,2013.

［12］ 夏少武,任志华.物理化学[M].北京:科学出版社,2018.